Informations légales

Auteur et éditeur : M.Eng. Johannes Wild
A94689H39927F
E-mail : 3dtech@gmx.de

Les mentions légales complètes du livre se trouvent dans les dernières pages !

Cette œuvre est protégée par le droit d'auteur

Toutes les informations contenues dans ce livre ont été rassemblées en toute bonne foi et soigneusement vérifiées. La maison d'édition et l'auteur ne garantissent toutefois pas l'actualité, l'exactitude, l'exhaustivité et la qualité des informations fournies. Ce livre est uniquement destiné à des fins éducatives et ne constitue pas une recommandation d'action. L'utilisation de ce livre et la mise en œuvre des informations qu'il contient se font expressément aux risques et périls de l'utilisateur. En particulier, aucune garantie ou responsabilité n'est donnée par l'auteur et l'éditeur pour les dommages matériels ou immatériels résultant de l'utilisation ou de la non-utilisation des informations contenues dans ce livre. Ce livre ne prétend pas être complet ni exempt d'erreurs. Toute revendication juridique ou de dommages et intérêts est exclue. Les contenus des pages Internet reproduites dans ce livre relèvent exclusivement de la responsabilité des exploitants des sites en question. La maison d'édition et l'auteur n'ont aucune influence sur la conception et le contenu des sites Internet tiers. La maison d'édition et l'auteur se distancient donc de tous les contenus étrangers. Au moment de l'utilisation, aucun contenu illégal n'était présent sur les sites Internet. Les marques et noms d'usage cités dans ce livre restent la propriété exclusive de leurs auteurs ou détenteurs respectifs.

Préface

Merci beaucoup d'avoir choisi ce livre !

Dans ce livre, nous allons créer ensemble et étape par étape quelques projets passionnants et fantastiques avec le microcontrôleur Arduino Uno. Comme le titre du livre l'indique, nous utiliserons le programme gratuit et facile Tinkercad d'Autodesk et l'approche de la programmation basée sur les blocs. De plus, dans chacun des projets, nous utiliserons par exemple des capteurs, comme un capteur de température, ou encore un capteur à ultrasons et d'autres composants.

Je suis ingénieur (M.Eng.) et je souhaite te présenter les thèmes de l'électronique, d'Arduino et de la programmation basée sur les blocs avec Tinkercad, orientés vers l'application, ludiques et expliqués de manière simple à l'aide de projets DIY. Pour cela, tu trouveras dans ce livre, dans les premiers chapitres, une brève introduction théorique ou un rappel - selon ton niveau de connaissances - sur Arduino, le programme Tinkercad et l'électronique en général, et dans les chapitres suivants, cinq super projets que nous construirons ensemble pas à pas. Nous ne créerons ici ces projets que virtuellement dans la plateforme en ligne Tinkercad. Mais tu peux aussi les reproduire 1:1 avec de vrais composants dans le monde analogique, si tu le souhaites. Pour chaque projet, tu obtiendras des informations sur les composants nécessaires, sur la construction du schéma électrique correspondant et sur les différentes étapes de la création du code de programmation en utilisant la programmation par blocs.

Quel que soit ton âge, que tu sois encore à l'école, déjà adulte, étudiant ou retraité, si tu t'intéresses à l'un des sujets, tu es au bon endroit !

Ce livre s'adresse aussi bien à ceux qui n'en ont pas encore qu'à ceux qui ont déjà des connaissances de base dans l'un des domaines : Arduino, Tinkercad et l'électronique.

Table des matières

1 Volume d'apprentissage

Ce qui t'attend dans ce livre et ce que tu vas apprendre

Dans ce guide, tu trouveras cinq projets passionnants et superbes que nous réaliserons ensemble, étape par étape. Pour cela, nous utilisons le microcontrôleur Arduino et le logiciel Tinkercad d'Autodesk. Dans les premiers chapitres, tu suivras un cours accéléré sur le logiciel Tinkercad, l'électronique et l'Arduino. Si tu n'as aucune connaissance préalable, cela t'aidera à entrer dans le sujet, si tu as déjà des connaissances, tu peux le voir comme une sorte de rafraîchissement de tes connaissances. Si tu n'as pas de connaissances préalables et que tu souhaites une introduction plus détaillée aux thèmes, tu peux aussi commencer par étudier les livres de base des thèmes respectifs (voir les dernières pages de ce livre).

<u>En résumé, ce livre contient les éléments suivants :</u>

- Connaissances de base sur Arduino
- Connaissances de base sur l'électronique générale
- Connaissances de base sur la section "Circuits" et sur l'utilisation générale du programme Tinkercad
- Projet DIY 1 : Régulateur de vitesse pour moteur à courant continu
- Projet DIY 2 : Détecteur de mouvement avec alarme
- Projet DIY 3 : Commande de direction pour robot jouet
- Projet DIY 4 : Thermomètre numérique
- Projet DIY 5 : Télémètre à ultrasons

2 Qu'est-ce qu'un Arduino ? Les premiers pas

En termes simples, un Arduino n'est rien d'autre qu'un petit mini-PC ou un microcontrôleur très simple, capable d'enregistrer des signaux d'entrée, de les traiter en interne et de les convertir en signaux de sortie correspondants. Un signal d'entrée pourrait être par exemple la lumière du soleil qui tombe sur un capteur. Le signal de sortie correspondant pourrait par exemple commander un moteur (de stores). Il existe différents modèles d'Arduino. Pour nos projets, nous utilisons dans ce livre uniquement l'Arduino UNO (https://www.arduino.cc/en/main/products).

Comment fonctionne un Arduino ? Le principe de base derrière chaque PC est le système binaire, basé sur les deux nombres "0" (OFF) et "1" (ON). La communication se fait dans un PC avec des combinaisons de ces deux chiffres. C'est exactement le même principe qui s'applique à Arduino. Les deux nombres binaires sont ici représentés par les tensions 5V ("1" ou valeur "HIGH") et 0V ("0" ou valeur "LOW").

Chaque broche d'une carte Arduino est dotée d'un numéro ou d'une désignation. Il existe différentes broches numériques et analogiques qui peuvent recevoir et envoyer des signaux. Sur ces broches, tu peux connecter des capteurs ou d'autres composants, comme un moteur par exemple. La carte fonctionne avec un courant continu de 5V. L'Arduino possède également un processeur qui peut être programmé pour exécuter les commandes souhaitées. Nous verrons cela plus tard dans les projets.

3 Qu'est-ce que Tinkercad ? Les premiers pas

Tinkercad est une plateforme en ligne de la société Autodesk sur laquelle tu peux réaliser des projets de nature technique. Le terme "Tinker" est anglais et signifie bricoler ou bidouiller. "CAD" signifie "Computer-Aided Design", c'est-à-dire la conception assistée par ordinateur. Avec Tinkercad, tu peux travailler sur des projets électroniques, programmer et aussi créer des objets 3D. La création d'objets 3D ne fait pas partie de ce livre.

Comme Tinkercad est un logiciel en ligne, tu ne peux et ne dois rien télécharger, tu peux simplement travailler dans ton navigateur préféré. De plus, l'utilisation de Tinkercad est gratuite. Le groupe cible de Tinkercad est principalement constitué d'enfants et d'adolescents. Mais à mon avis, le programme convient aussi très bien aux adultes, surtout si tu es un débutant. C'est justement cette simplicité qui offre de nombreux avantages et des succès rapides dans la création d'objets 3D ou de circuits électroniques.

Tous les projets sont stockés dans le cloud et tu peux donc y accéder de n'importe où avec un ordinateur, un téléphone portable ou une tablette via Internet.

Créer un compte et commencer

Avant de commencer à créer nos projets, nous devons d'abord créer un compte sur le site www.tinkercad.com. Si nous avons déjà un compte chez Autodesk, nous pouvons également l'utiliser pour nous connecter. Sinon, nous pouvons nous inscrire soit avec un compte Google ou Apple, soit - de manière plus classique - avec une adresse e-mail.

Dès que nous nous sommes connectés, la page d'accueil de notre compte apparaît dans Tinkercad.

4 Circuits électroniques avec Tinkercad

4.1 Créer un circuit électronique dans Tinkercad

Comme nous l'avons déjà mentionné, Tinkercad permet de concevoir des circuits électroniques et de travailler par exemple avec le mini-PC Arduino. Nous allons voir de plus près comment cela fonctionne dans ce chapitre.

Pour concevoir des circuits électroniques, nous devons nous trouver dans la section "Designs" de la page d'accueil de Tinkercad.

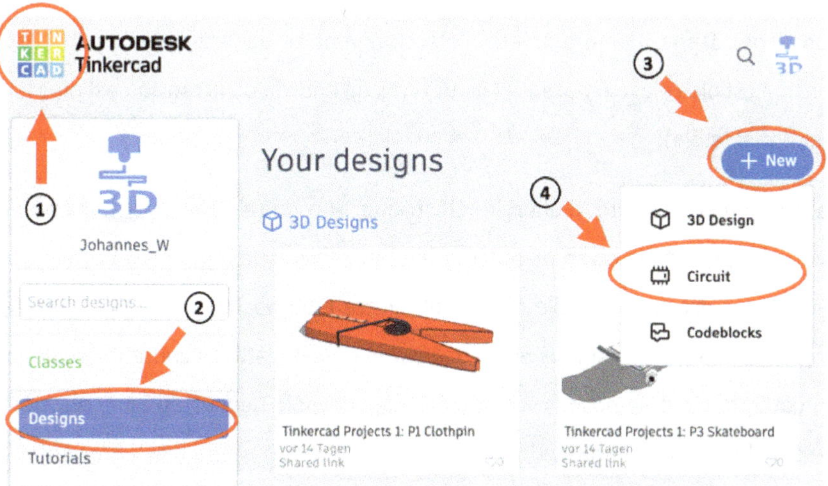

Ici, nous pouvons créer un nouveau circuit avec "+ New" et "Circuit". Mais avant de le faire, nous allons d'abord apprendre quelques informations de base sur le courant et la tension et nous plonger brièvement dans le monde de l'électrotechnique.

4.2 Connaissances de base - Bases de l'électrotechnique

<u>Tout d'abord, un avertissement</u> : le courant, surtout le courant alternatif et les fortes intensités, sont dangereux. Si tu veux construire tes circuits en vrai et pas seulement sur ton ordinateur, fais appel à quelqu'un qui s'y connaît déjà bien.

4.2.1 L'électricité

L'électricité est créée lorsque les électrons circulent d'un endroit avec un potentiel plus élevé (énergie plus élevée) vers un endroit avec un potentiel plus faible (énergie plus faible). Tu peux t'en faire une idée en regardant une chute d'eau. L'eau (représentant les électrons) s'écoule du point supérieur de la chute d'eau (potentiel élevé, énergie potentielle élevée) vers le point inférieur de la chute d'eau (potentiel bas, énergie potentielle plus faible). L'énergie potentielle est convertie en énergie cinétique au cours de ce processus, c'est pourquoi elle "perd" cet état d'énergie élevé (mais en réalité, comme nous l'avons dit, cette énergie est convertie). De la même manière, l'électron veut se déplacer d'un endroit où la tension est plus élevée (potentiel élevé) vers un endroit où la tension est plus faible (potentiel faible).

La tension est l'unité d'énergie électrique "produite" par une batterie, par exemple. La batterie ou toute autre source de tension possède deux bornes. L'une des bornes est appelée pôle négatif et l'autre pôle positif. Sur le pôle positif, le potentiel de tension est plus élevé que sur le côté négatif. Le courant circule donc du côté positif (pôle positif) vers le côté négatif (pôle négatif), si l'on considère le sens technique du courant.

Tu peux imaginer une batterie ou une autre source de production d'électricité comme le fonctionnement d'une pompe. Une batterie, par exemple, "génère" de la tension ou de l'énergie grâce à une réaction électrochimique à l'intérieur (transformation de l'énergie). Cette tension ou énergie sort du pôle positif sous forme d'électrons (ces électrons représentent ici les molécules d'eau qui sont pompées). Pour compenser les électrons "perdus", la batterie attire à nouveau le même nombre d'électrons par le pôle négatif (comme une pompe d'aspiration).

4.2.2 Circuit électrique

Qu'est-ce qu'un circuit électrique ? En termes simples, un circuit électrique est un assemblage de différents composants avec une connexion conductrice d'électricité entre ces composants. Pour qu'un circuit électrique fonctionne, il faut une source d'énergie / de courant, par exemple une batterie et un consommateur, par exemple une ampoule, ainsi que des connexions entre ces deux composants, appelées conducteurs. En électrotechnique, ces composants sont représentés dans un circuit électrique sous forme de symboles comme suit :

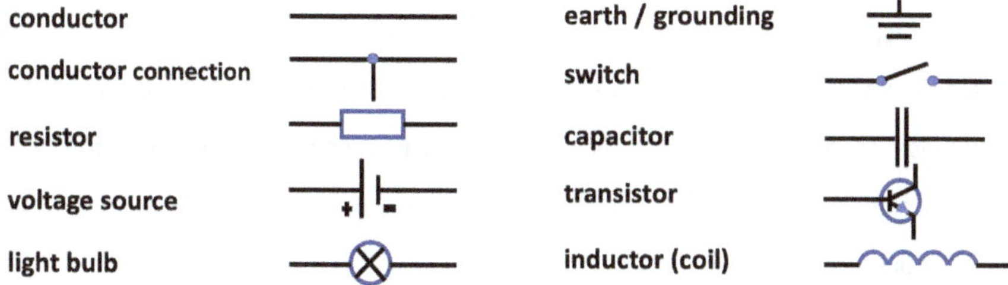

Pour qu'une lampe s'allume, par exemple, comme le montre le schéma ci-dessous, le circuit électrique doit être fermé, c'est-à-dire qu'il doit y avoir une connexion entre les deux pôles (+ et -) d'une source de courant (par exemple une batterie) et l'ampoule. Si c'est le cas, le courant circule d'un pôle de la source de courant (par ex. la batterie) à travers l'ampoule et revient à l'autre pôle de la source de courant. Si cette connexion est coupée, par exemple par un interrupteur, le courant ne circule plus et l'ampoule ne s'allume plus.

Un schéma électrique est le concept de base d'un circuit électrotechnique, que tu peux dessiner sur un morceau de papier par exemple, ou créer à l'aide du programme informatique Tinkercad.

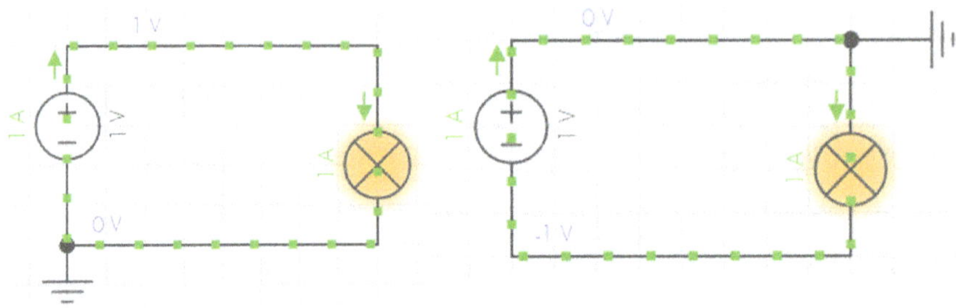

Il est possible de rendre un tel schéma électrique schématique ou plus descriptif (voir image ci-dessous). Tu peux créer de tels schémas, par exemple pour le mini-PC Arduino, dans Tinkercad. Comme nous pouvons le voir sur l'image ci-dessous, dans ce cas, une LED avec une résistance est connectée à un Arduino Uno via des câbles de couleur. Les couleurs des câbles ont une signification qui aide à réaliser un câblage correct. En général, les fils rouges sont utilisés pour la connexion avec le pôle positif d'une source de courant continu et les fils noirs pour la connexion avec le pôle négatif.

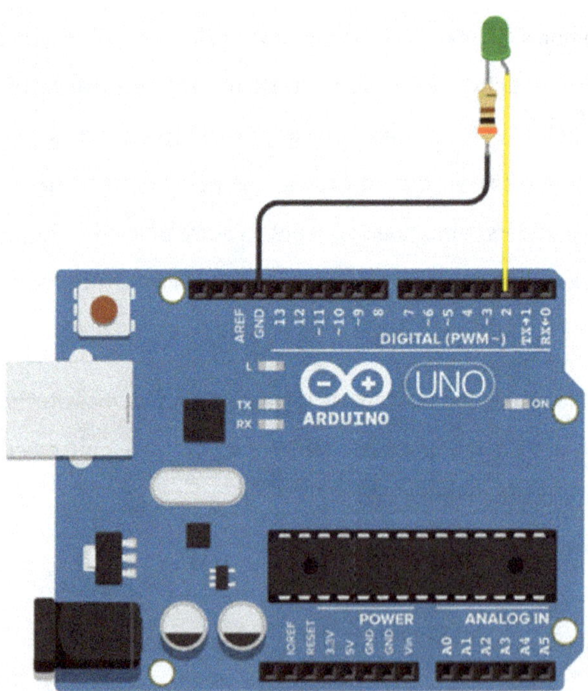

4.3 Environnement de travail : "Circuits"

Maintenant, nous allons voir comment créer des circuits dans Tinkercad. Dès que nous avons créé un nouveau projet "Circuit", l'espace de travail pour la création de circuits électrotechniques s'ouvre.

La zone grise est notre plan de travail, sur lequel nous concevons nos circuits. Tu peux utiliser la fonction de zoom à l'aide de la molette de la souris. Tu peux aussi déplacer les composants en maintenant le bouton gauche de la souris enfoncé, le bouton droit de la souris enfoncé ou la molette de la souris.

Sur le côté droit se trouvent tous les composants électroniques disponibles, comme par exemple une LED, une résistance, un interrupteur, un condensateur ou même une pile. Il y a aussi une fonction de recherche et la possibilité d'afficher d'autres composants (passer de "Basic" à "All" dans le menu déroulant). En outre, tu peux utiliser la petite icône de liste en haut à droite pour passer à une autre disposition, la vue de liste. Il suffit d'essayer. Dans la vue liste, tu obtiens également une courte description de chaque composant.

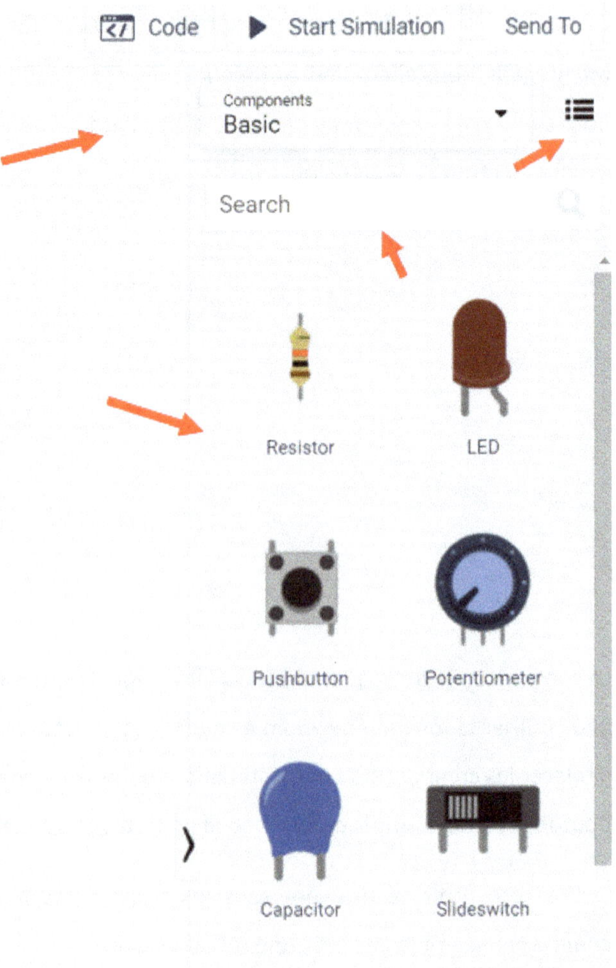

Pour ajouter un composant à son circuit, il suffit de cliquer dessus et de se déplacer ensuite avec la souris de l'ordinateur dans la zone de travail (à gauche). En cliquant à nouveau, tu peux placer le composant à l'endroit de ton choix. Fais-le par exemple avec une résistance ("resistor"). Dès que nous l'avons placée, une petite fenêtre s'ouvre en haut à droite, dans laquelle tu peux faire des réglages pour le composant. Nous pouvons y donner un nom et, dans le cas de la résistance, régler la résistance, par exemple 1 kOhm (1000 ohms). Nous pouvons ouvrir cette fenêtre de réglages en cliquant sur le composant et la fermer en cliquant sur le plan.

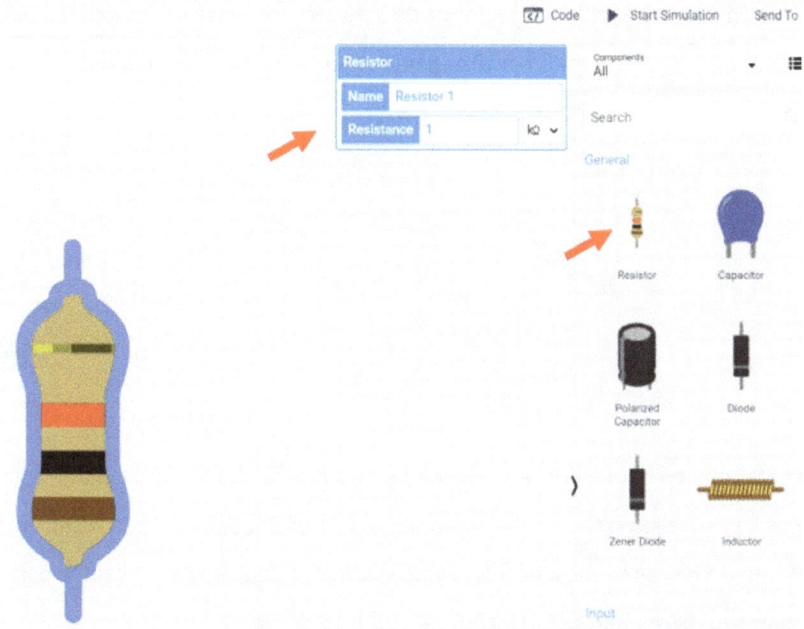

Dans la zone en haut à droite, tu peux créer ou afficher un code de programme en cliquant sur le bouton "Code" dès que tu as un composant programmable, par exemple un mini-PC Arduino dans ton circuit.

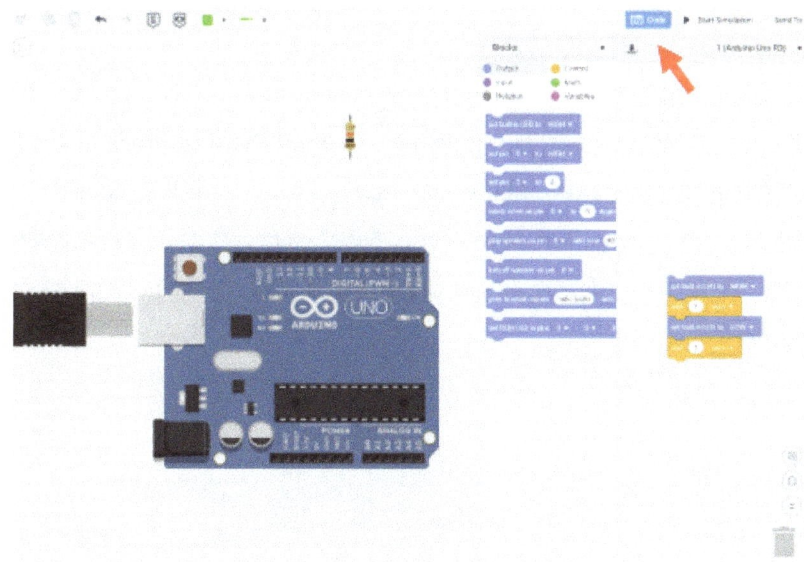

Le bouton "Start Simulation" permet de simuler virtuellement le circuit créé, tu peux donc tester ici dans un environnement sûr si le fonctionnement du circuit se déroule comme souhaité.

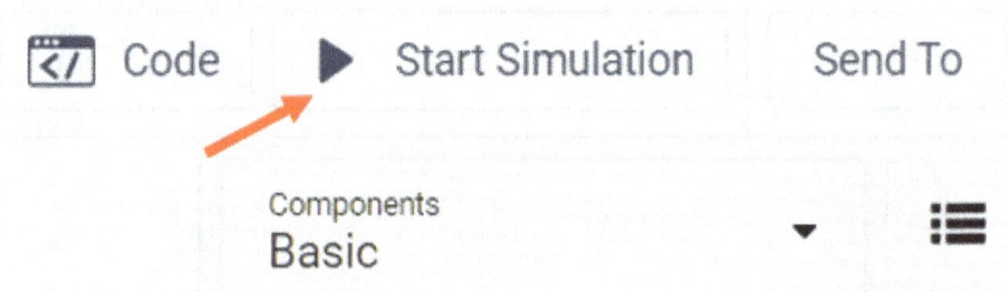

Dans la zone en haut à droite, il y a deux autres fonctions très utiles. D'une part, tu peux ici, en cliquant dans l'environnement "Schematic View", transformer le schéma de câblage imagé en un véritable schéma de câblage et d'autre part, en cliquant sur "Component List", générer une liste de pièces.

Super ! Maintenant, nous connaissons l'environnement de travail et pouvons créer un premier schéma de test. Pour cela, nous allons d'abord chercher ce que l'on appelle une "breadboard" ou un circuit imprimé dans notre environnement de travail. Nous le trouvons dans la catégorie "Basic" en faisant défiler la page vers le bas. Il suffit de cliquer dessus, puis de cliquer dans l'environnement de travail pour le placer.

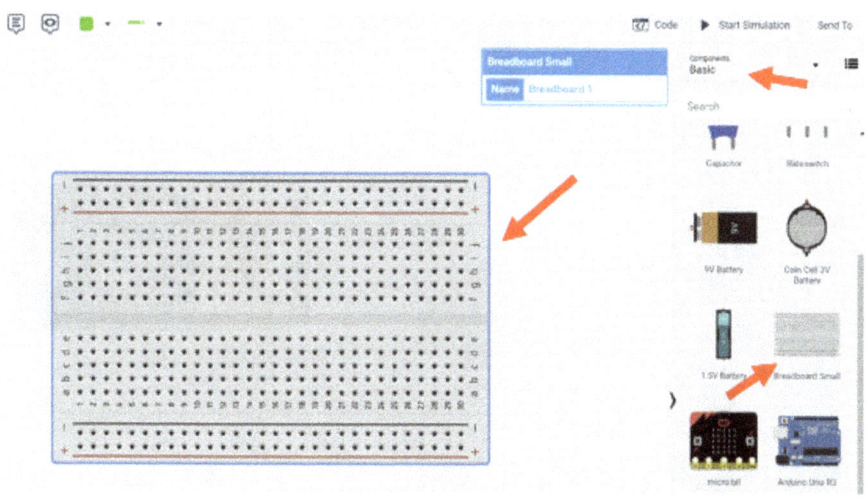

Une carte enfichable, également appelée breadboard, est le meilleur moyen de construire un circuit dès qu'il devient un peu plus complexe ou qu'il contient plusieurs pièces. Sur un breadboard, il y a une zone pour l'alimentation du breadboard ("+" et "-" imprimés) et des zones avec des lettres et des chiffres. Les broches qui se trouvent dans une rangée (lettres : a-e et f-j) sont reliées entre elles de manière conductrice. Cela signifie par exemple que h1 et i1 ou h5 et i5 et j5 sont connectés de manière conductrice. Les composants et les câbles sont insérés dans les broches respectives et sont ainsi reliés entre eux.

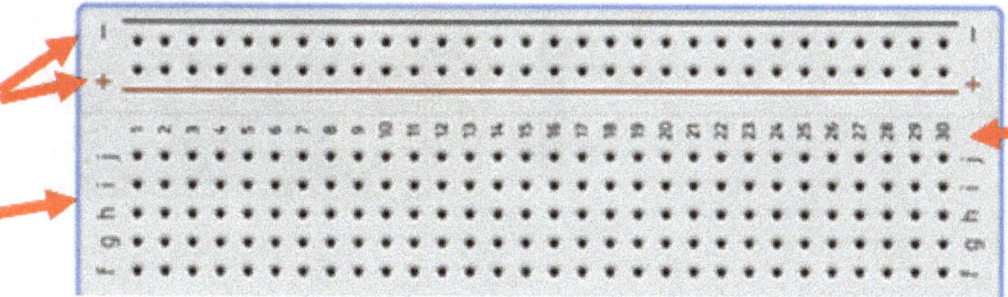

Dans notre circuit de test, nous allons faire briller une LED. Pour cela, nous avons besoin d'une LED, d'une résistance (1 kohm) et d'une pile 9V. Nous allons chercher ces composants dans notre environnement de travail.

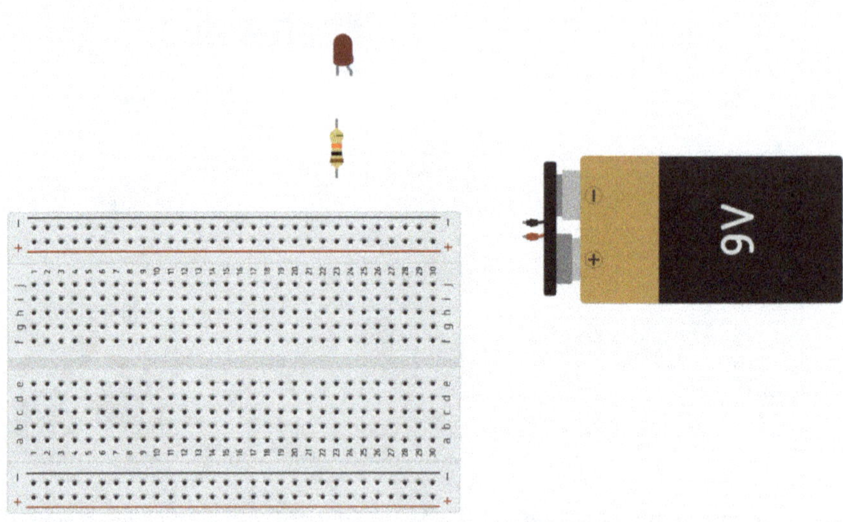

Ensuite, nous devons connecter les composants entre eux avec des fils. Mais nous ne trouverons pas de ligne ou de fil dans la zone de sélection sur le côté droit. Pour créer un fil, il suffit de cliquer avec notre souris sur un pôle, par exemple le pôle "+" de la batterie. Cela nous permet de dessiner une ligne qui représente notre fil.

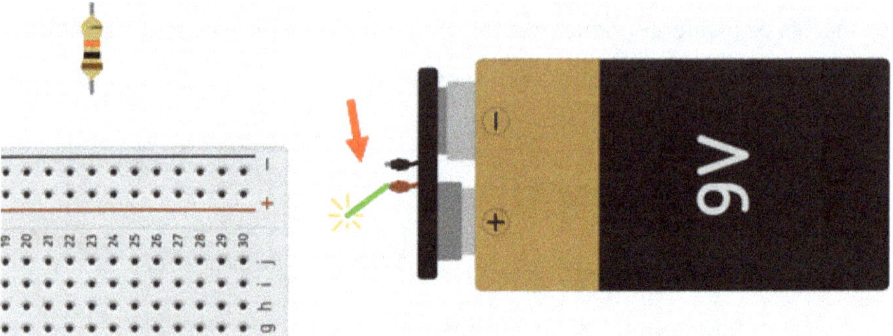

Comme deuxième point de connexion pour cette ligne, nous choisissons un emplacement de la rangée "+" du breadboard ("+" vers "+").

De plus, nous pouvons aussi donner une autre couleur au fil de connexion, par exemple rouge (pour le "+"). Nous faisons de même avec le pôle négatif de la batterie. Nous le connectons au pôle négatif du breadboard et nous choisissons la couleur noire pour ce fil "-". Maintenant, notre breadboard a du courant.

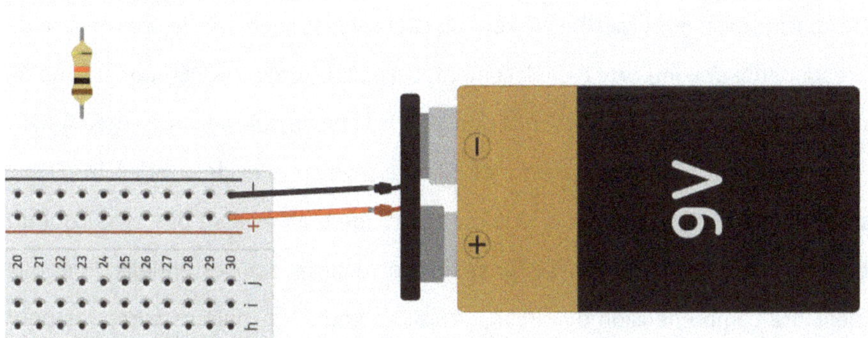

Si nous cliquons sur la LED, nous pouvons déterminer la couleur de la LED à l'étape suivante. Par exemple, nous ne voulons pas une LED rouge, mais une verte dans notre circuit.

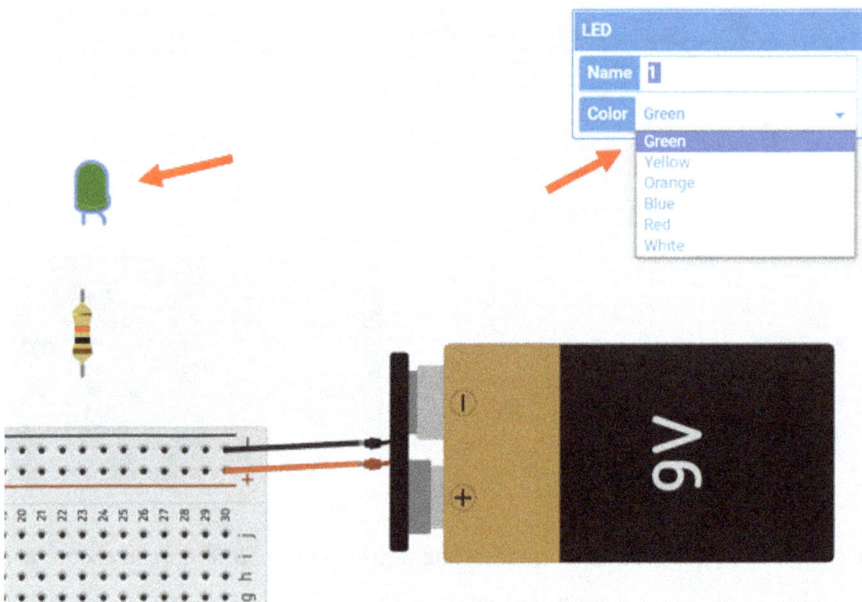

Nous pouvons maintenant connecter la résistance et la LED. La petite jambe droite de la LED (ici à gauche) représente la cathode, c'est-à-dire le pôle négatif de la LED. Nous la connectons à un côté de la résistance, quel que soit le côté de la résistance. De la résistance, nous mettons encore un câble vers la ligne avec le pôle négatif du breadboard - peu importe l'emplacement. Du pôle positif de la DEL, appelé anode, nous établissons ensuite une connexion avec la ligne du pôle positif du breadboard - l'emplacement n'a pas d'importance. Si nous inversons les deux pôles, la LED ne s'allumera pas plus tard, car la LED est une diode qui ne laisse passer le courant que dans une seule direction. La connexion correcte est donc essentielle. Pour une meilleure compréhension du circuit, choisis toujours les couleurs correctes pour les fils "-" (noir) et "+" (rouge).

Maintenant, nous avons connecté la LED. Dans la réalité, elle s'allumerait immédiatement. Dans Tinkercad, nous devons cliquer sur "Start Simulation". Si nous avons tout connecté correctement, la LED s'allume. Fantastique ! Le premier circuit électronique fonctionne. Avec "Stop Simulation", nous pouvons arrêter la simulation du circuit.

A ce stade, n'hésite pas à inverser les pôles dans Tinkercad et à vérifier que la LED est toujours allumée lorsque tu démarres la simulation.

4.4 Programmer avec Tinkercad

Si tu ne maîtrises pas le langage de programmation pour l'Arduino, dans ce cas, c'est le "C++", la création d'un projet électronique avec un Arduino peut être un peu difficile. Heureusement, nous avons une alternative plus simple dans Tinkercad.

En effet, Tinkercad nous permet de programmer par blocs. Cela fonctionne un peu comme des blocs de construction que l'on place les uns sur les autres.

Pour pouvoir commencer une programmation pour Arduino, nous sélectionnons simplement le bouton "Code" dans la barre de fonctions supérieure dans le projet Arduino. Ensuite, nous vérifions que le menu déroulant est bien réglé sur "Blocks". Un espace de travail s'ouvre alors à droite, c'est ici que nous allons effectuer la programmation basée sur les blocs.

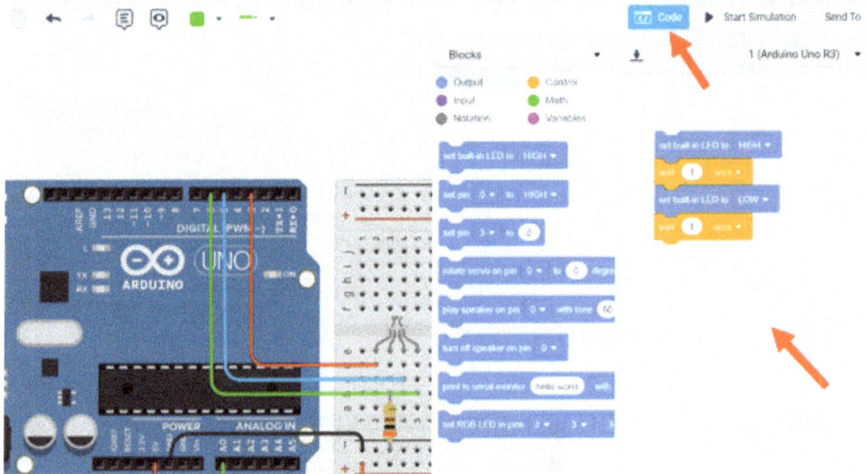

Comme nous pouvons le voir, dans la partie supérieure gauche, il y a différentes catégories avec différentes couleurs que tu peux parcourir. Dans la partie inférieure gauche, tu trouveras les blocs prédéfinis de chaque catégorie. A droite se trouve notre espace de travail, dans lequel se trouvent déjà deux blocs bleus et deux blocs orange.

En haut, à gauche, il y a un menu de sélection qui est très ingénieux, car il nous permet de passer du texte au bloc. En effet, avec l'option "Blocks + Text", nous pouvons également afficher le code de programmation sous forme de texte à droite des blocs. Cela signifie que nous n'avons pas à écrire de code de programme, mais que le programme le génère automatiquement à partir de notre programmation basée sur les blocs. C'est très utile pour les débutants en programmation. Une fonction géniale !

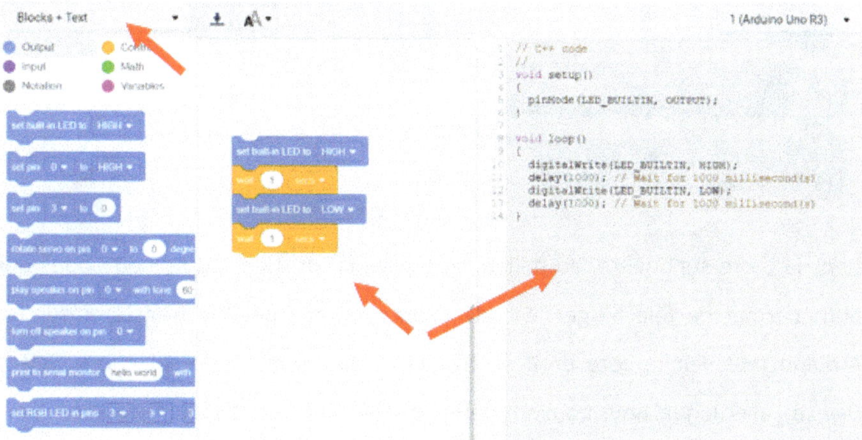

Si tu le souhaites, tu peux activer cette vue et comparer ligne par ligne comment chaque instruction que nous créons en tant que bloc est convertie en code de programme. Cependant, pour une meilleure vue d'ensemble, je n'afficherai ici que les blocs. Nous n'avons pas besoin des blocs bleus et orange existants pour nos projets pour le moment, nous pouvons donc les supprimer. Pour ce faire, il suffit de les glisser dans la corbeille en bas à droite ou de cliquer avec le bouton gauche de la souris et de sélectionner "Delete Block".

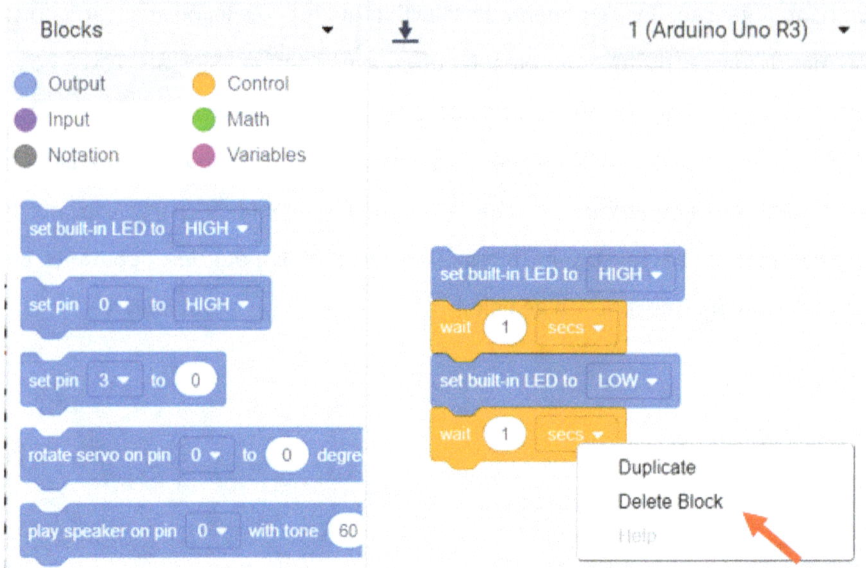

Dans la barre supérieure, au milieu, se trouve la fonction "Download Code" qui nous permet de télécharger le code du programme pour le transférer sur un Arduino réel. Sur le côté droit se trouve un autre menu de sélection "Select Device", avec lequel nous pouvons définir quel Arduino nous voulons programmer. Mais cela n'est pertinent que si nous avons créé plusieurs Arduino ou autres microcontrôleurs dans notre projet.

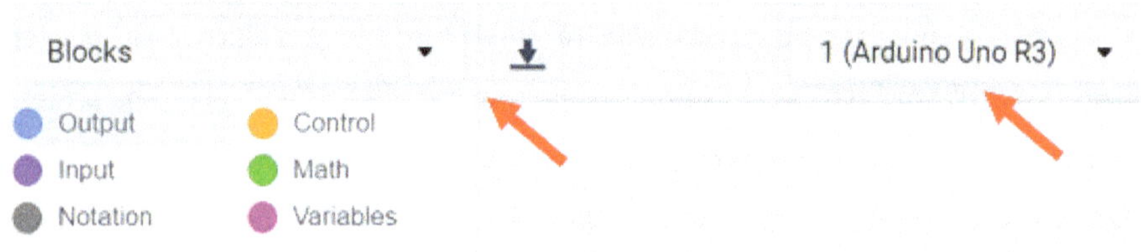

Fantastique ! Maintenant, nous avons acquis quelques connaissances de base sur Arduino, sur Tinkercad et sur l'électronique en général. Dans le prochain chapitre, nous commencerons avec les projets DIY. C'est parti !

5 Projet 1 | Régulateur de vitesse pour moteur à courant continu

Dans ce projet, nous allons parler de la façon de contrôler la vitesse d'un moteur à courant continu à l'aide d'un potentiomètre (résistance variable).

5.1 Composants nécessaires

1 x Arduino Uno

1 x moteur à courant continu

1 x potentiomètre (10 kohms)

1 x écran de multimètre

Remarques sur le moteur à courant continu :

Nous partons du principe que le moteur à courant continu disponible dans Tinkercad est un moteur à courant continu à aimants permanents. Cela signifie que le champ magnétique nécessaire au mouvement est généré par un aimant permanent et a donc une valeur fixe. La vitesse d'un tel moteur à courant continu est directement proportionnelle à la tension de l'induit. D'ailleurs, l'induit est le rotor du moteur. La tension d'induit est donc simplement la tension appliquée au moteur ou au rotor. Pour modifier la vitesse ou la vitesse de rotation du moteur, la tension d'induit est le seul paramètre variable disponible.

Remarques sur le potentiomètre (10 kohms) :

Qu'est-ce qu'un potentiomètre ? Un potentiomètre est tout simplement une résistance variable avec trois connexions. Il a une valeur de résistance fixe entre les broches 1 et 3. Par contre, tu peux faire varier les résistances entre les broches 1 et 2 ou les broches 2 et 3 en utilisant le bouton rotatif. Tu peux donc contrôler la résistance et donc le flux de courant et en même temps la vitesse du moteur.

Pour le projet dont nous allons parler maintenant, nous utiliserons une broche d'entrée analogique et une broche de sortie analogique de la carte de développement. Sur la carte Arduino UNO, il y a six broches d'entrée analogiques (A0 à A5) et six broches de sortie PWM (3, 5, 6, 9, 10 et 11). Les broches de sortie PWM sont marquées par une petite ligne incurvée devant le numéro de broche.

5.2 La conception du schéma électrique

Dans un premier temps, nous allons concevoir notre schéma et connecter les composants dont nous avons parlé dans Tinkercad à l'aide de fils électriques. Pour cela, nous réfléchissons d'abord à un diagramme schématique qui représente de manière abstraite la structure de notre circuit. Nous voyons sur l'image que le potentiomètre est désigné par le terme "RPOT1" **(5)** et que la broche centrale du "RPOT1" est reliée à l'entrée analogique A5 de l'Arduino "U1" **(2)**. Le pôle positif du moteur "M1" **(3)** doit être connecté à la broche de sortie D3 (broche PWM) de la carte Arduino, tandis que le pôle négatif du moteur est connecté à la masse "U1_GND" **(4)**.

Les connexions de "U1_5V" **(1)** et "U1_GND" **(4)** sont automatiquement établies par Tinkercad dès que nous avons construit le circuit avec les composants. Tu n'as donc pas besoin de t'occuper de ces connexions.

Tu peux d'ailleurs afficher le schéma électrique dans Tinkercad en passant à la vue du schéma électrique dès que tu as connecté les composants à la carte Arduino. C'est ce que nous allons faire ensuite.

Schéma de câblage :

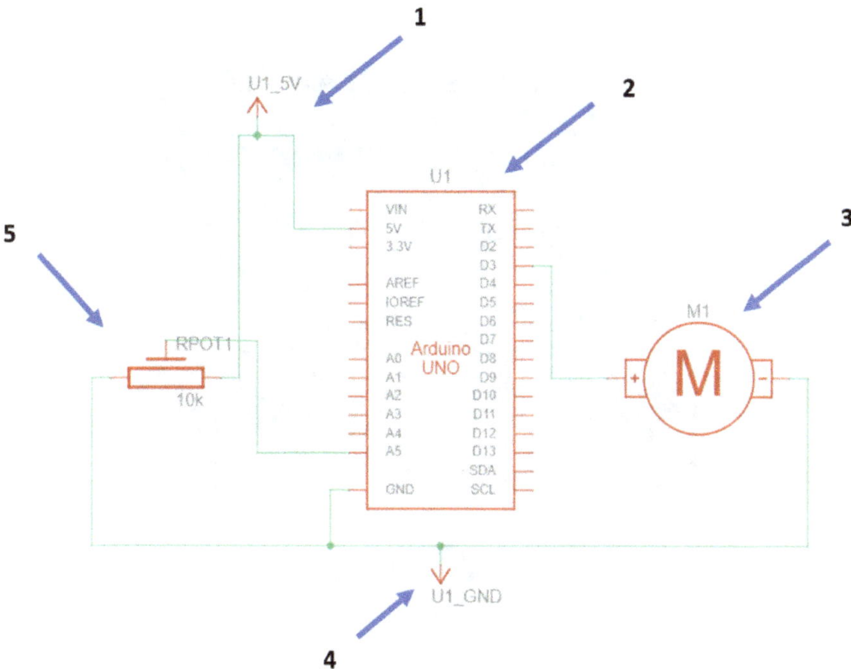

Dans Tinkercad, tu peux d'abord ajouter la carte Arduino Uno parmi les composants disponibles, puis ajouter successivement le potentiomètre, le moteur et l'affichage du multimètre et les câbler comme d'habitude, conformément au schéma de câblage. Utilise de préférence les couleurs de câble comme dans l'image ci-dessous pour éviter les malentendus (par exemple rouge pour le positif, noir pour la masse, etc.). Tu devrais alors obtenir le résultat suivant :

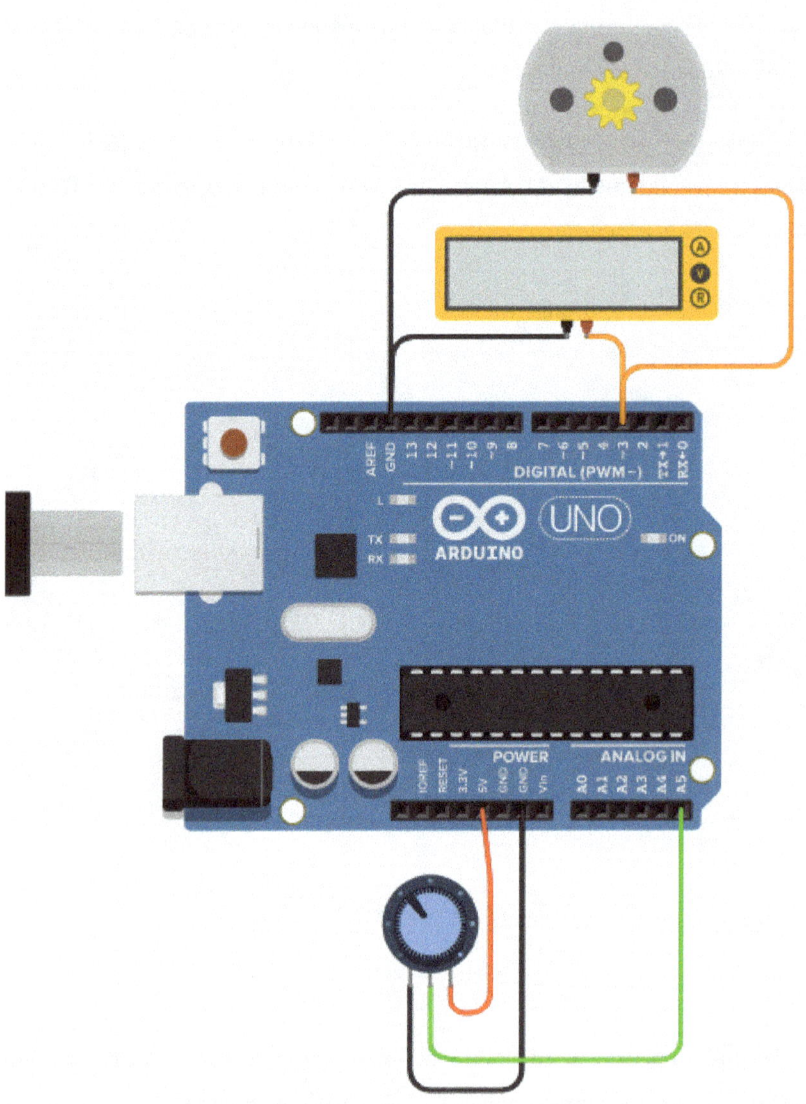

D'ailleurs, le multimètre doit servir à observer les variations de tension en fonction de la position du potentiomètre, indépendamment de la vitesse de rotation du moteur à courant continu.

5.3 Développement du code du programme

Après avoir câblé avec succès notre projet électronique, nous nous attaquons à l'étape suivante : la programmation nécessaire. Nous utilisons pour cela la programmation basée sur les blocs dans Tinkercad.

Étape 1 :

Pour plus de clarté, nous placerons un commentaire au début du code dans la première étape. Tu peux trouver le commentaire dans la section "Notation" de Tinkercad.

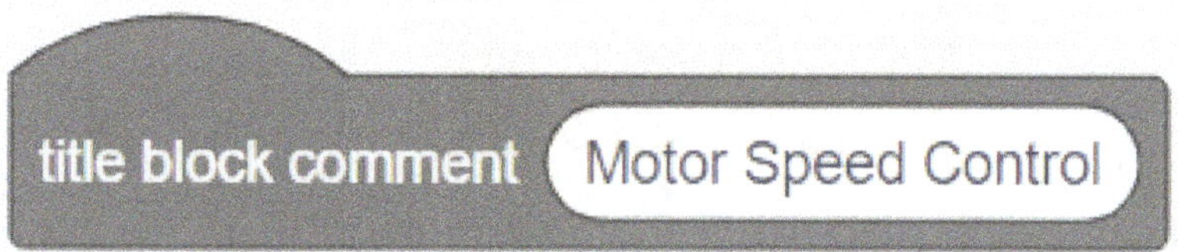

Ce commentaire sert uniquement à donner à l'utilisateur lui-même ou à un autre programmeur une idée de base de ce dont il est question dans ce code.

Étape 2 :

Dans la deuxième étape, ajoutons un bloc appelé "on start", que tu trouveras dans la section "Control" de Tinkercad. Ce bloc ressemble à la section "Setup" dans un code Arduino simple.

Le bloc sert à exécuter une certaine ligne de code une seule fois au démarrage du programme. Avant de décider quel bloc insérer ici, nous ajoutons le prochain et dernier bloc de contrôle à l'étape 3, afin d'obtenir déjà les espaces réservés pour la structure générale du programme.

Étape 3 :

Nous choisissons dans cette étape un bloc "forever". C'est similaire à la section "Loop" dans un code Arduino simple.

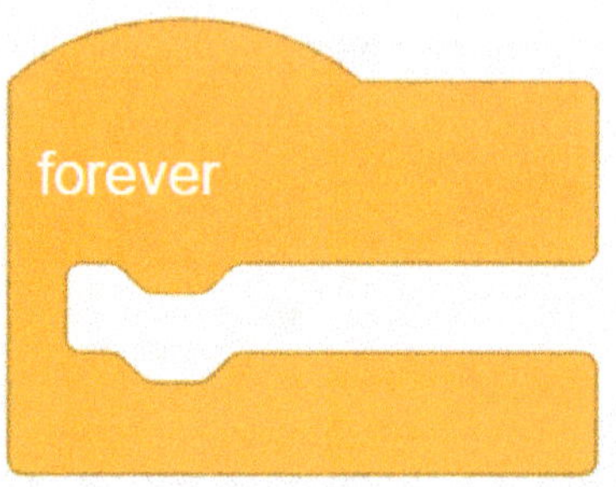

Dans ce bloc, nous allons insérer des commandes qui doivent être exécutées en permanence dès que le programme a été lancé.

Avec les étapes précédentes, ton bloc de code devrait ressembler à l'illustration ci-dessous. C'est la structure de base de nos programmes Arduino dans la vue basée sur les blocs dans Tinkercad. Tu peux également utiliser cette structure dans les futurs exemples.

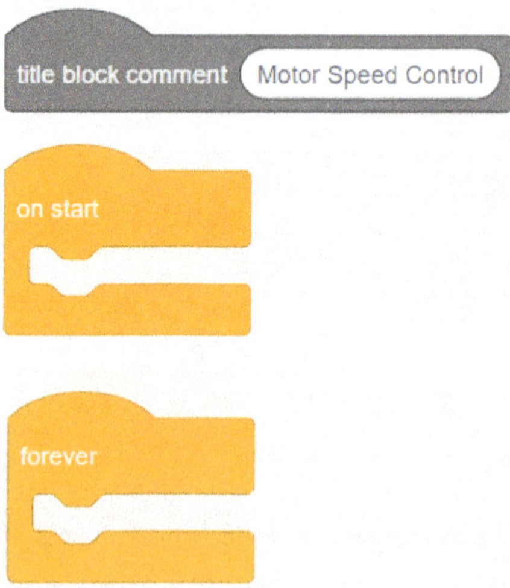

Étape 4 :

Pour notre premier projet, nous devons maintenant déclarer une variable qui enregistrera la valeur lue sur la broche d'entrée analogique A5. Notre potentiomètre est connecté à la broche A5. Nous le faisons en créant une variable dans la zone "Variables" (rose) avec "Create variable ..." et en lui donnant un nom approprié, par exemple "VR_Val". Tu peux aussi choisir ici un autre nom, mais tu dois alors faire attention à ne pas te tromper par la suite. Dès que la variable est créée, Tinkercad t'affiche les trois blocs suivants à choisir. Nous pouvons utiliser ces trois blocs dans notre code en fonction de nos besoins.

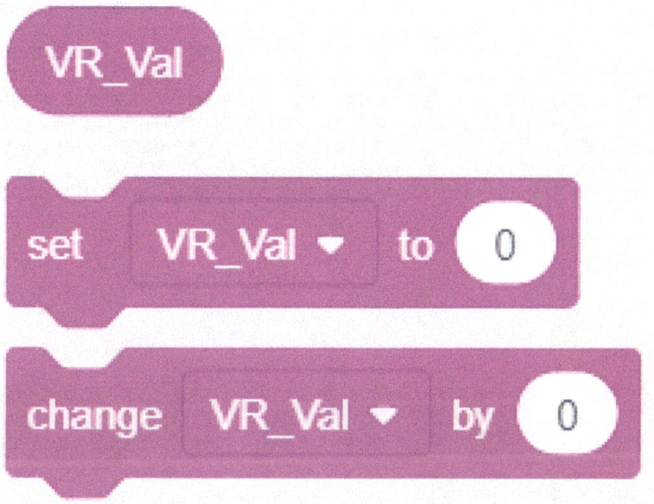

Étape 5 :

Maintenant que tous les travaux préparatoires nécessaires sont terminés, nous pouvons commencer à programmer le programme à proprement parler à partir de cette étape. Pour cela, nous allons d'abord faire en sorte que la variable "VR_Val" soit mise à zéro au démarrage du programme. Nous le faisons en insérant le bloc "set ... to ..." dans la zone "Variables" (voir étape 4 et image suivante) dans le bloc "on start" (voir étape 2 et image suivante).

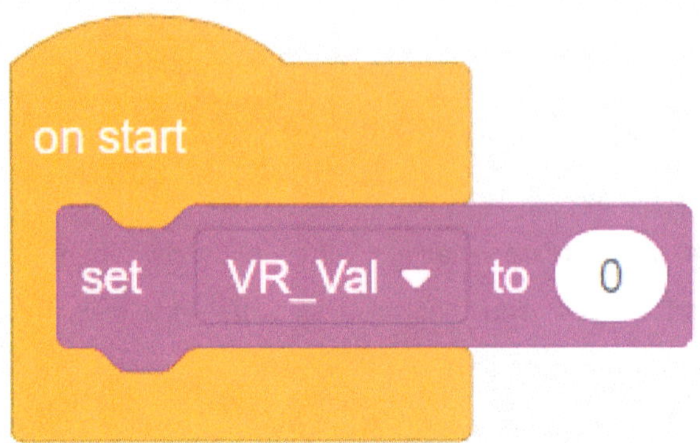

Étape 6 :

Ensuite, nous avons besoin d'un bloc de programme qui lit la tension variable et analogique présente sur la broche A5 de l'Arduino (connexion du potentiomètre) et la reproduit dans la plage entre 0 (signal 0V) et 255 (signal 5V). Le bloc de programme doit être conçu de manière à ce que le processus décrit se déroule en continu, car la valeur de la variable doit être actualisée en temps réel. Nous devons donc implémenter le bloc de programme dans le bloc "forever".

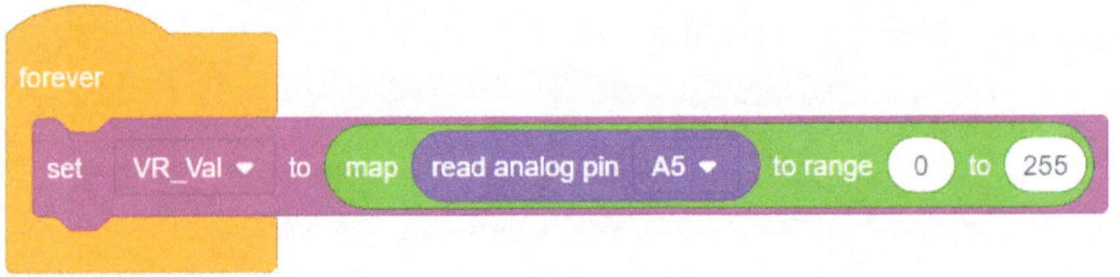

Tu peux voir sur l'image que le bloc principal implémenté au sein du bloc "forever" est une combinaison de trois blocs. Tu trouveras ces trois blocs dans Tinkercad dans les zones "Variables" (rose), "Math" (vert) et "Input" (violet).

Le bloc fait en sorte que la broche analogique A5 couvre une plage de 0 à 255, qu'elle soit lue en continu et que la valeur lue soit enregistrée ou actualisée en continu dans la variable "VR_Val".

Étape 7 :

Maintenant, nous avons besoin d'un bloc de programme qui, via la broche 3 de l'Arduino (c'est ici que le moteur est connecté), émet une tension qui dépend de la valeur précédemment enregistrée dans la variable "VR_Val". Nous devons également insérer ce bloc de programme dans le bloc "forever", c'est-à-dire juste en dessous de la ligne précédente, car la vitesse du moteur doit également être mise à jour en temps réel avec la position du potentiomètre.

Utilise pour cela le bloc "set pin" de la section "Output". Avec celui-ci, nous déterminons que la valeur de la variable "VR_Val" doit être transmise à la broche 3.

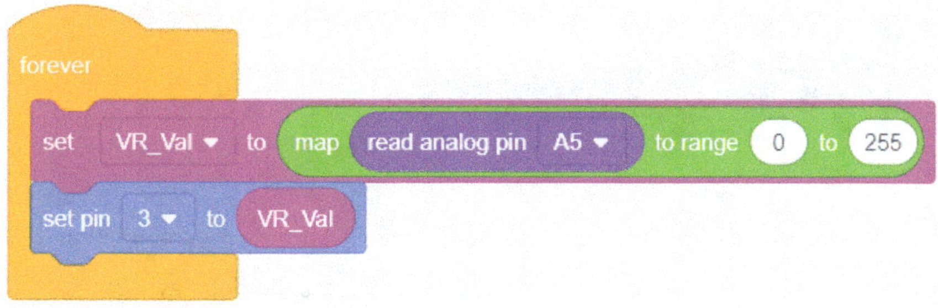

Étape 8 :

Maintenant, nous avons déjà mis en œuvre les exigences de base. Pour pouvoir vérifier la valeur de la variable "VR_Val" dans la fenêtre du moniteur série, nous créons un autre bloc de code. Nous utilisons pour cela le bloc "print to serial monitor" de la catégorie "Output" et définissons les paramètres comme tu peux le voir sur l'image.

Maintenant, ton code complet devrait ressembler à ceci :

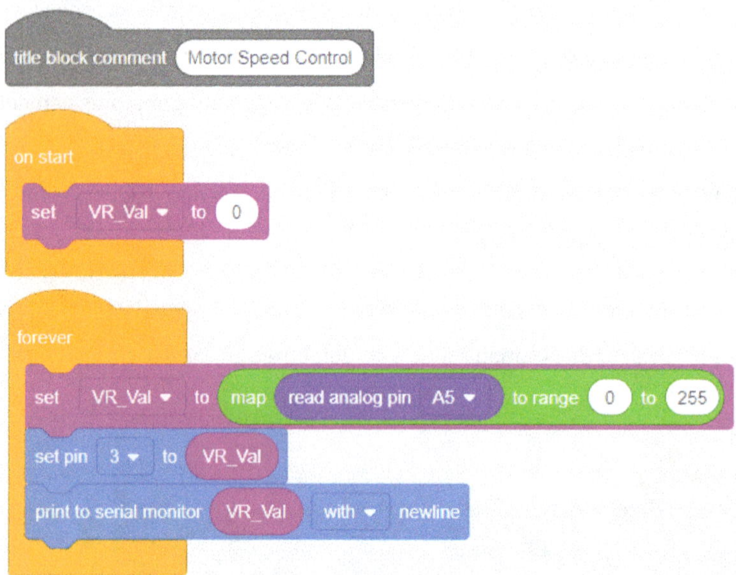

Il est maintenant temps d'essayer virtuellement le circuit et la programmation et de tester ce qui se passe. Pour cela, il suffit de tourner le potentiomètre avec ta souris. Tu devrais maintenant voir comment la tension affichée et la vitesse du moteur changent.

De plus, dans Tinkercad, dans la zone de programmation des blocs de la barre inférieure, tu peux ouvrir le moniteur série de l'Arduino et observer le changement de la valeur de la variable "VR_Val" pendant le processus.

Serial Monitor

178
178
178
178
178
178
178
178

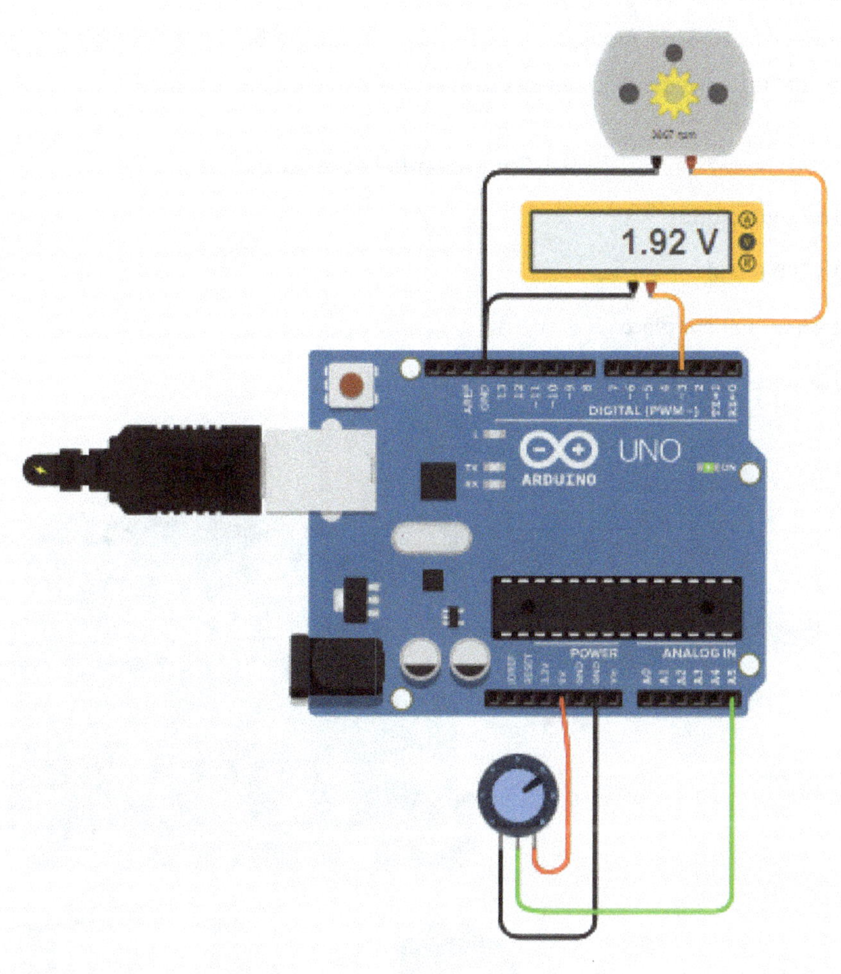
1.92 V
DIGITAL (PWM ~)
UNO
ARDUINO
POWER
ANALOG IN

6 Projet 2 | Détecteur de mouvement avec alarme

Dans ce projet, nous allons connecter un détecteur de mouvement, une LED et un haut-parleur piézo à un Arduino. Le piézo doit émettre un bip et la LED doit clignoter lorsqu'un mouvement est détecté dans la zone de détection du capteur.

6.1 Composants nécessaires

1 x Arduino Uno

1 x LED (bleu)

1 x haut-parleur piézo

1 x capteur PIR (détecteur de mouvement)

Informations sur le capteur PIR :

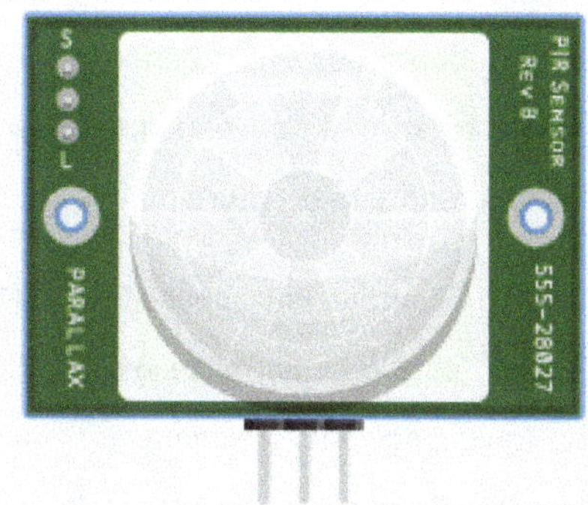

Un capteur PIR ("Pyroelectric Infrared Sensor" ou "Passive Infrared Sensor") est un composant semi-conducteur qui peut détecter les mouvements. En fait, le capteur détecte les changements de température, qui se traduisent à leur tour par des changements de tension. Lorsqu'un être vivant (chaleur corporelle) ou une autre source de chaleur est détecté dans la zone de détection, le capteur fournit un signal numérique "HIGH" (5V). Nous verrons tout de suite dans le schéma comment utiliser les trois connexions.

Informations sur le haut-parleur piézo :

Un haut-parleur piézo est une fine plaque composée d'une combinaison de métal et de céramique, capable de générer des vibrations lorsqu'une tension continue est appliquée entre les deux bornes (+ et -). Nous entendons alors ces vibrations sous la forme d'un son d'une certaine fréquence.

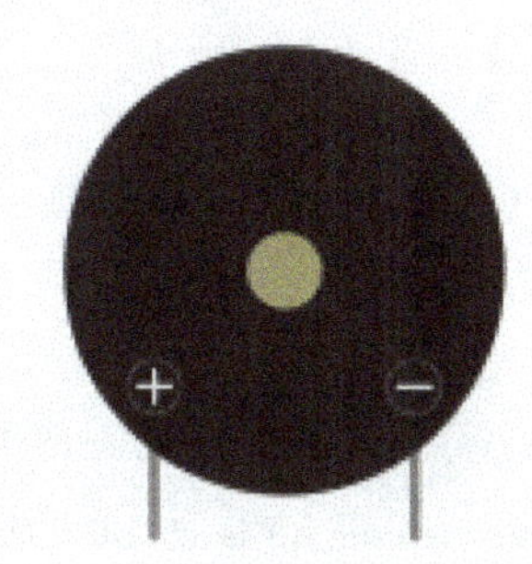

6.2 Le projet de schéma électrique

Dans un premier temps, nous allons à nouveau concevoir le schéma de notre projet, puis connecter les composants dont nous avons parlé dans Tinkercad à l'aide de fils. Pour cela, nous allons d'abord regarder à nouveau la représentation schématique du schéma électrique afin de comprendre la structure du circuit.

Nous voyons sur l'image que le capteur PIR appelé "PIR1" **(1)** se compose de trois broches, à savoir "VCC", "GND" et "OUT". Parmi celles-ci, "VCC" (+) et "GND" (-) sont les connecteurs d'alimentation qui doivent être connectés à la tension continue de 5 V de l'Arduino UNO **(2)**. La broche de signal du détecteur de mouvement, désignée par "OUT", doit être connectée à la broche d'entrée numérique 2 de l'Arduino. La broche "OUT" fournit alors - en cas de mouvement détecté - le signal 5V à l'entrée de l'Arduino. Pour finir, il faut encore relier les connexions positives du haut-parleur piézo **(4)** et de la LED **(3)** à la broche numérique D3 de l'Arduino UNO et relier les connexions négatives à la masse "GND".

Schéma de câblage :

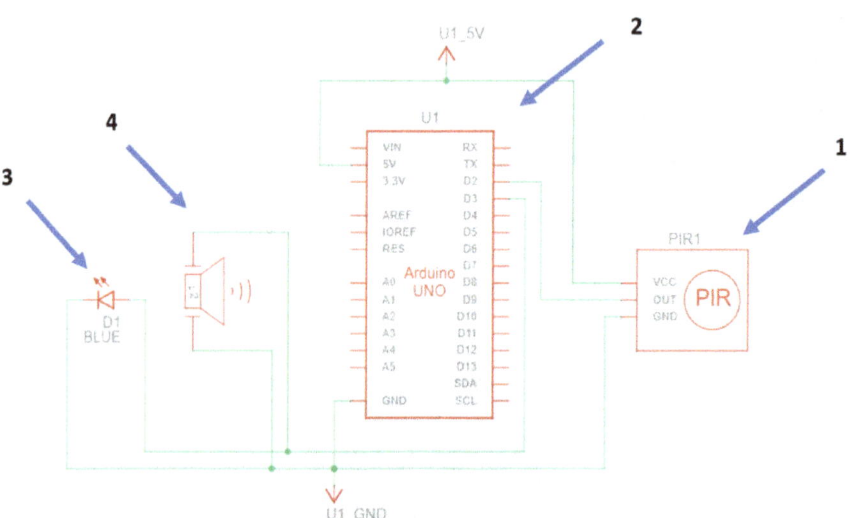

En se basant sur le schéma ci-dessus, tu dois construire le circuit suivant dans Tinkercad en mode circuit. Comme tu peux le voir sur le circuit, j'ai utilisé un breadboard pour réaliser ce circuit afin de le rendre plus clair. Pour les circuits complexes, il est toujours préférable d'utiliser un ou même deux breadboards.

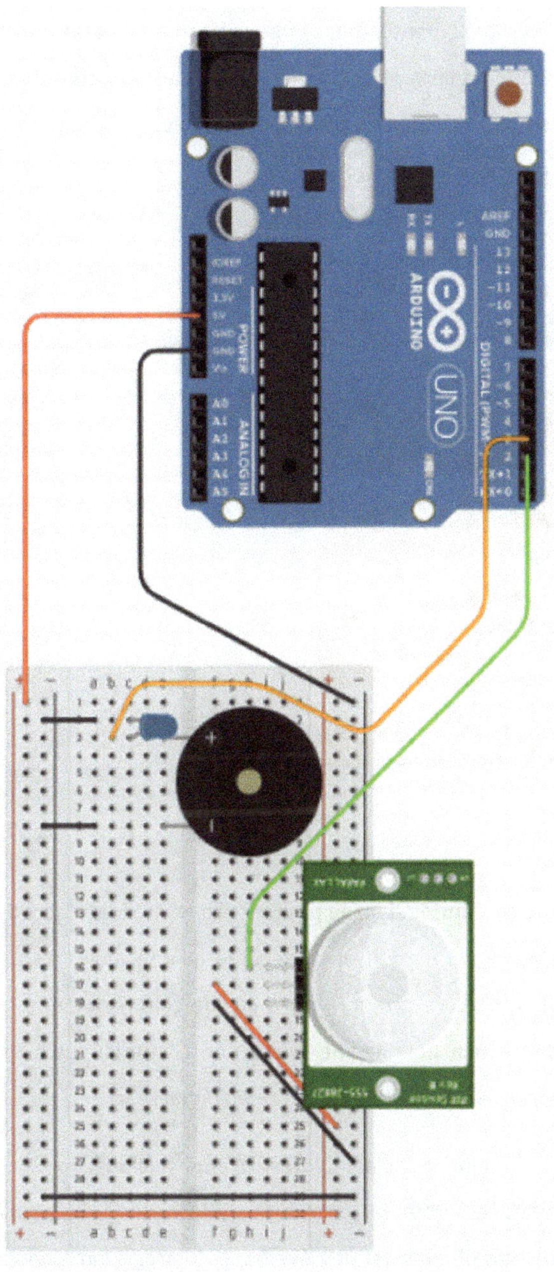

6.3 Développement du code du programme

Étape 1 :

Comme nous l'avons déjà mentionné, tu peux effectuer les trois premières étapes du projet 1 de la même manière pour chaque projet, car elles constituent une sorte de structure de base pour chaque programme. Ton bloc de programme devrait alors ressembler à ce qui est présenté ici :

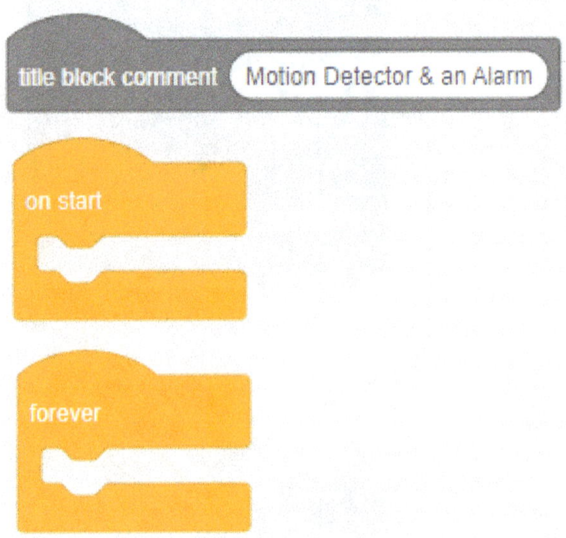

Étape 2 :

Dans l'étape suivante, comme dans le premier projet, tu dois d'abord implémenter la commande nécessaire qui ne doit être exécutée qu'une seule fois au démarrage du programme. En fait, dans ce projet, il n'y a pas de commande que nous ne voulons exécuter qu'au démarrage. Cela signifie que la zone à l'intérieur du bloc **"on start"** peut être laissée libre, car rien ne doit être déclaré ou initialisé ici.

Par contre, pour le bloc principal **"forever"**, nous allons implémenter quelques commandes imbriquées. Pour la procédure, réfléchissons d'abord à ce que nous voulons obtenir. Notre objectif est de développer le programme pour qu'il déclenche un son d'alarme et allume une LED lorsqu'un mouvement est détecté dans la zone de détection du capteur PIR.

Compte tenu de cette exigence, nous pouvons commencer par implémenter un bloc "Repeat" (catégorie orange : "Control") dans le bloc "Forever" pour imiter une boucle "While". Celle-ci serait utilisée dans un langage de programmation textuel pour exécuter une commande aussi longtemps qu'une certaine situation existe. Il existe deux types de blocs de répétition dans Tinkercad. Nous avons besoin ici du bloc avec les options "while" et "until".

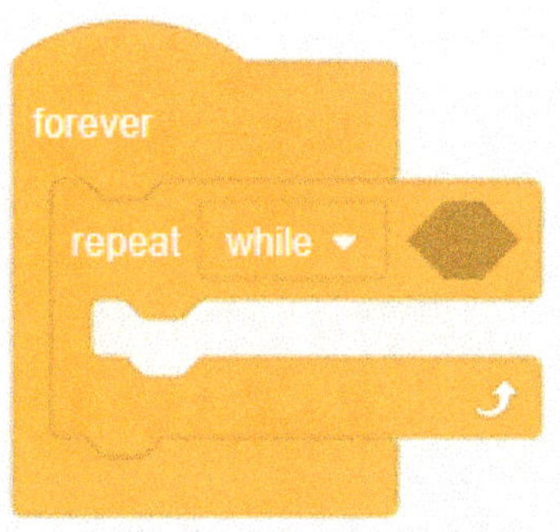

Étape 3 :

L'étape suivante consiste à remplir le champ hexagonal vide du "repeat ...while ...". de sorte que l'instruction que nous ajoutons au bloc à l'étape suivante soit répétée jusqu'à ce qu'une certaine condition soit remplie. Pour compléter l'instruction conditionnelle, tu ajoutes un bloc de comparaison que tu trouveras dans la catégorie Math (vert) de Tinkercad. Il suffit ensuite de faire glisser le bloc dans l'emplacement prévu à cet effet.

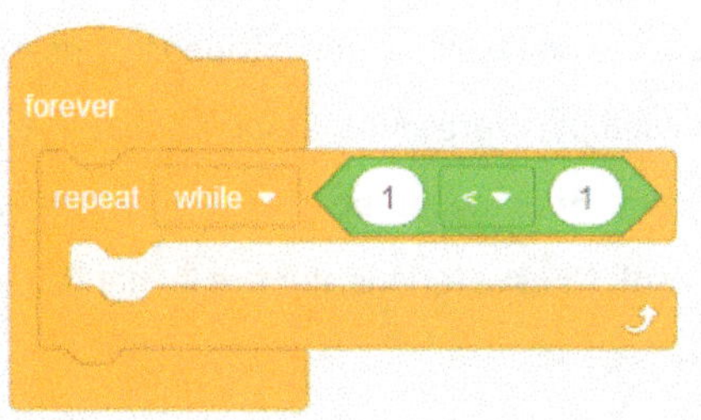

Étape 4 :

Dans l'étape suivante, tu dois définir les deux paramètres que tu veux comparer. Tu dois également définir le type de comparaison dans le bloc "repeat". Toutes les commandes que nous insérons dans les étapes suivantes dans ce bloc ne doivent être exécutées que si un mouvement est détecté dans la zone de détection du capteur PIR. Cela signifie que nous devons faire lire le signal du capteur PIR présent sur la broche numérique 2 de l'Arduino et vérifier si ce signal correspond à l'état 5V (signal numérique HIGH ; le détecteur de mouvement détecte un mouvement). Pourquoi écrivons-nous ici un "1" ? Comme tu t'en souviens peut-être, dans le contexte d'Arduino et du système binaire, le chiffre "1" correspond à ce signal 5V (signal HIGH). Pour un signal 0V (signal LOW), nous utiliserions un "0".

Étape 5 :

L'étape suivante consiste à créer les commandes qui génèrent un signal sonore lorsque le capteur PIR détecte un mouvement. Avec un haut-parleur piézo, il faut générer une chaîne continue d'impulsions de tension à une fréquence plus élevée pour produire un son. Nous pouvons par exemple représenter le son comme une série de bips - avec de courtes pauses. Pour cela, nous avons besoin de blocs de la catégorie "Control" (orange) et "Output" (bleu). Nous le ferions alors de la manière suivante.

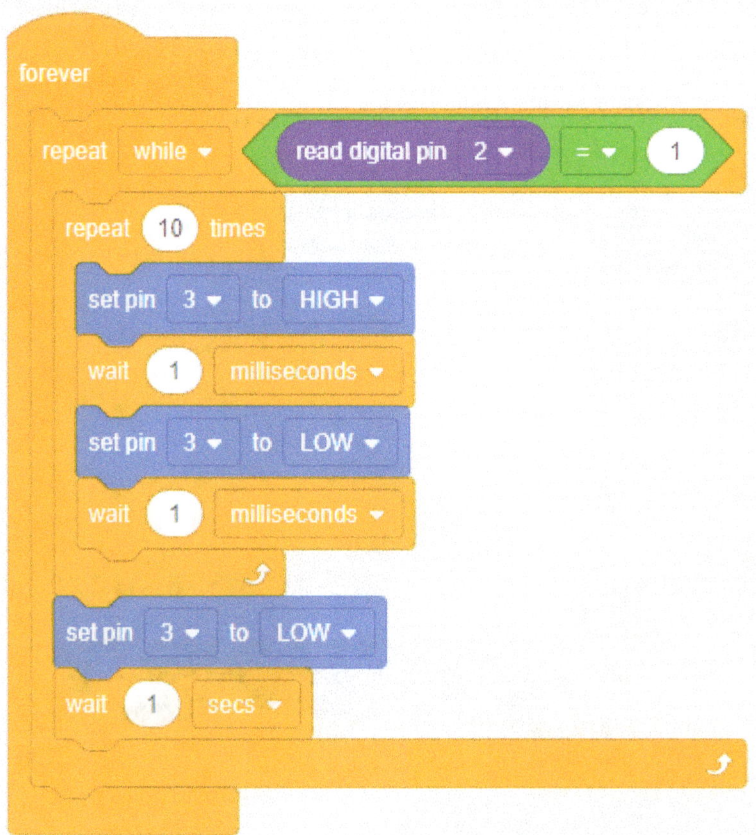

Comme tu peux le voir, dans notre code de programme, il y a des retards de quelques millisecondes et des retards de quelques secondes. Le délai de quelques millisecondes fait en sorte que le panneau piézoélectrique reçoive une impulsion continue, et le deuxième délai fait en sorte que le bip sonore s'arrête brièvement. Le son que le panneau piézoélectrique émet lorsqu'il détecte un mouvement ressemble donc à "bip-bip-bip-bip...". Pour mieux comprendre, il est recommandé de régler les différents retards étape par étape et d'observer les changements dans la sortie.

De plus, la LED est alimentée en électricité selon le même schéma, car elle est également connectée au même port. La première commande "LOW", c'est-à-dire l'extinction, est cependant de très courte durée et n'est pas visible à l'œil nu. Nous voyons donc seulement que la LED s'allume si un mouvement a été détecté, puis s'éteint pendant un délai d'une seconde avant de s'allumer à nouveau. Ce processus se poursuit jusqu'à ce qu'aucun mouvement ne soit plus détecté.

Ton bloc de programme complet devrait alors ressembler à ceci :

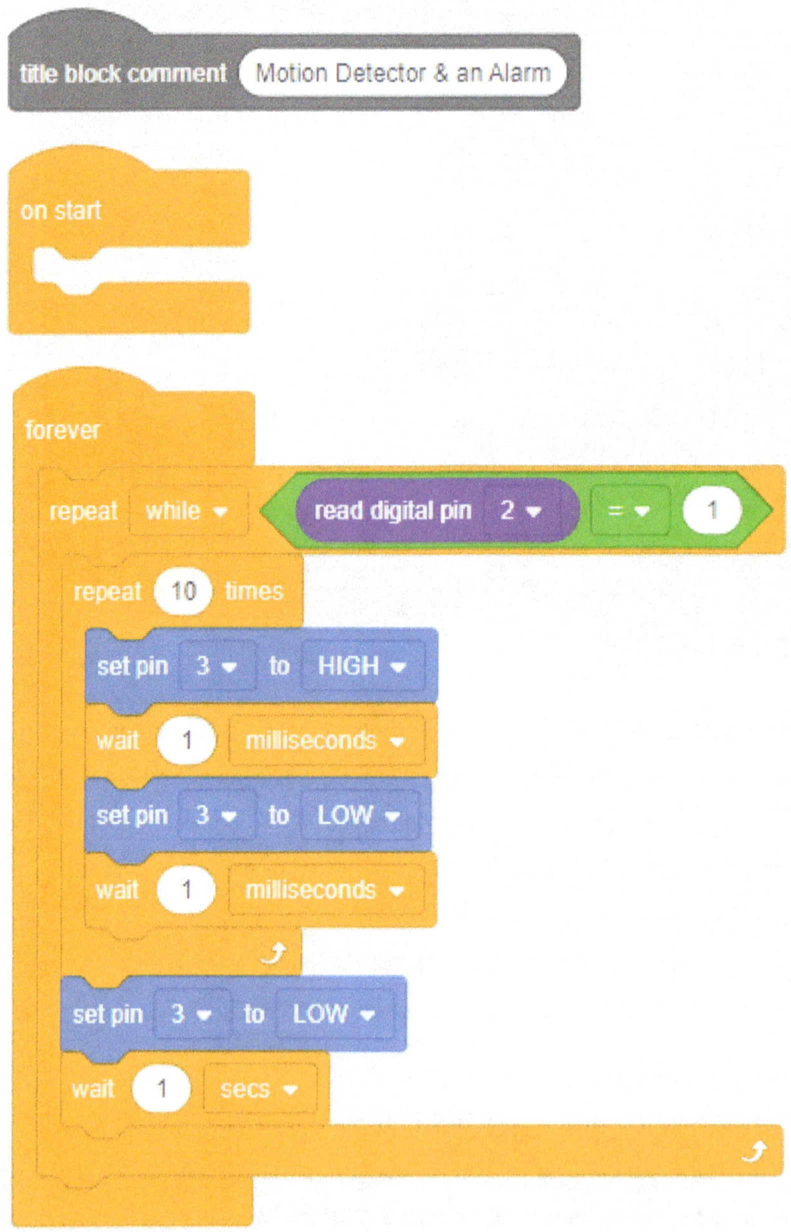

7 Projet 3 | Contrôle de la direction pour les robots jouets

Dans ce projet, nous allons créer un mécanisme de direction pour un robot. Le robot est disponible ici, par exemple : https://www.amazon.com/dp/B01LXY7CM3

Si tu y regardes de plus près, tu peux voir que la roue avant, la plus petite, pivote à 360 degrés, de sorte que tu peux diriger le châssis du robot dans la direction souhaitée avec des mouvements des deux roues arrière. Dans ce projet, nous contrôlerons le robot à l'aide d'un contrôleur câblé. Notre objectif principal dans ce projet est de nous familiariser avec les concepts de programmation pour le contrôle de deux motoréducteurs avec contrôle de vitesse intégré.

7.1 Composants nécessaires

1 x Arduino Uno

1 x potentiomètre (250 kohms)

1 x contrôleur de moteur hybride L293 D

2 x moteur à engrenages

Informations sur le motoréducteur :

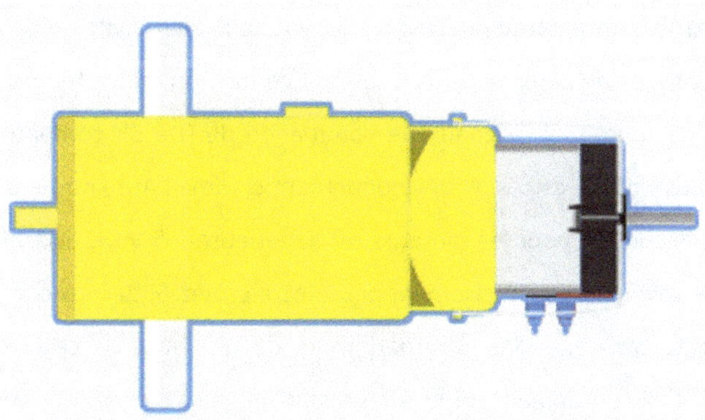

Comme décrit dans l'introduction de ce projet, nous utiliserons deux motoréducteurs pour entraîner les deux roues arrière. Un motoréducteur est un composant spécial qui se compose d'un moteur à courant continu et d'un engrenage intégré. Cela permet de générer un couple plus élevé par rapport au couple d'un seul moteur à courant continu. L'engrenage réduit la vitesse de rotation du moteur, mais augmente le couple. Un couple élevé est nécessaire pour que le robot lourd et grand puisse se déplacer contre le frottement des pneus. Le moteur intégré dans cet ensemble est un moteur à courant continu 5 V traditionnel.

Informations sur le contrôleur de moteur hybride L293 D :

Ce projet a une structure un peu plus complexe que les deux précédents. Cela se voit notamment au fait que nous avons besoin pour ce projet d'un contrôleur de moteur, plus précisément du contrôleur de moteur hybride L293D. Nous avons besoin de ce circuit intégré "IC" (Integrated Circuit), car il peut contrôler la vitesse du moteur et la distance de rotation de deux moteurs à courant continu en même temps. Avec ce CI, il est possible de fournir des signaux de commande de 0 à 5V compatibles avec les microcontrôleurs ou les cartes de développement comme l'Arduino UNO, alors que la tension du bus continu pour les moteurs est supérieure à 5 V DC. Mais nous n'avons pas besoin de savoir cela si précisément pour notre projet. Si tu veux comprendre plus précisément, tu trouveras des informations et des schémas de ce CI dans la fiche technique officielle en cliquant sur le lien suivant :

https://cdn-shop.adafruit.com/datasheets/l293d.pdf

Pour notre projet, nous avons seulement besoin de l'affectation suivante des broches du CI :

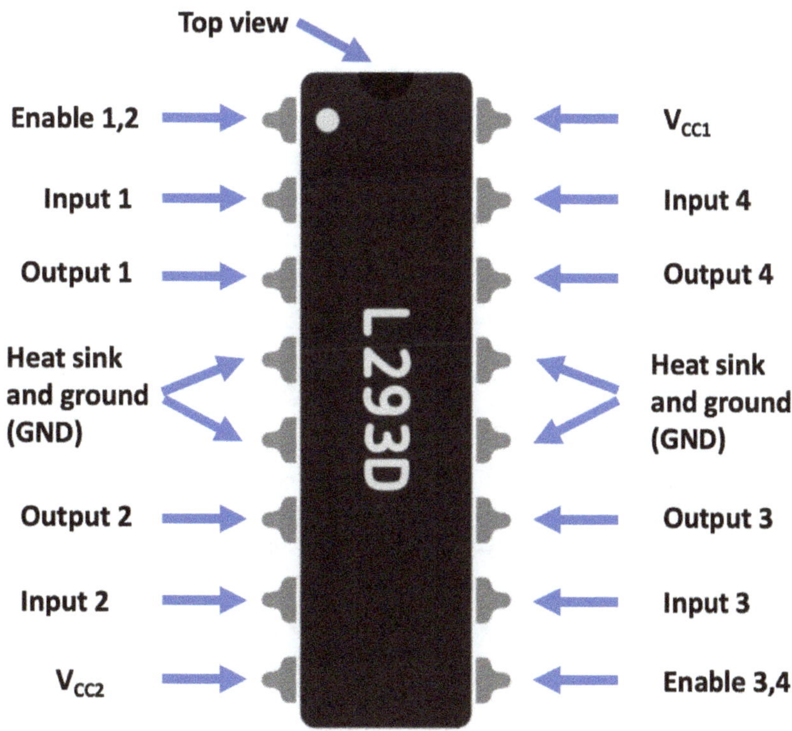

7.2 Le projet de schéma électrique

Dans un premier temps, nous allons à nouveau concevoir le schéma de notre projet et ensuite connecter les composants dont nous avons parlé dans Tinkercad à l'aide de fils. Pour cela, nous allons d'abord regarder à nouveau la représentation schématique du schéma électrique afin de comprendre la structure du circuit.

Schéma de câblage :

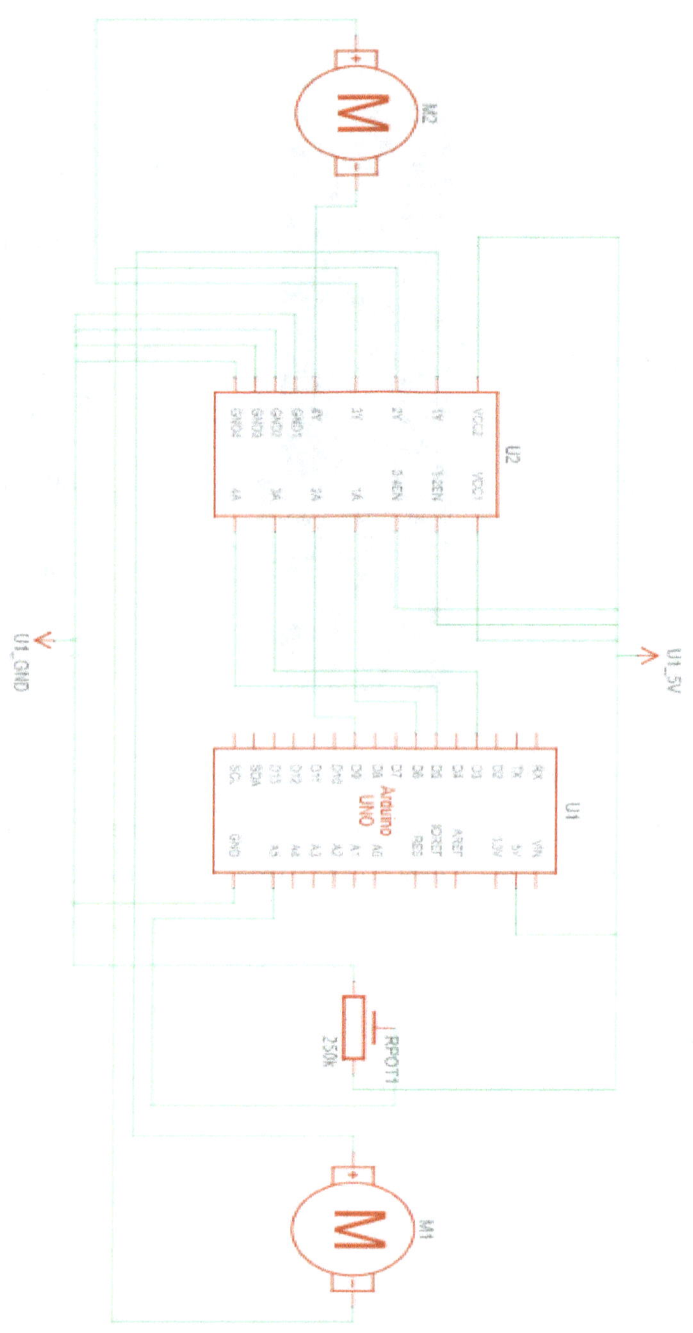
M2
U2
U1_GND
U1_5V
U1
Arduino
UNO
RPOT1
250k
M1

Si nous jetons un coup d'œil au schéma de câblage, nous pouvons voir que les quatre broches de sortie Arduino D3, D5, D6 et D9 sont respectivement connectées aux quatre broches de référence de vitesse 1A, 2A, 3A et 4A du CI de commande du moteur. La connexion entre Arduino et le contrôleur de moteur est ainsi établie. En outre, le potentiomètre est connecté entre les pôles + et - du système et la broche d'entrée analogique A5 de l'Arduino. Les autres câblages servent à l'alimentation électrique. Si cela semble un peu compliqué pour le moment, oriente-toi simplement vers le point suivant, l'assemblage virtuel des composants dans Tinkercad.

Comme tu peux le voir sur l'image suivante, nous utilisons ici aussi une breadboard pour développer ce circuit.

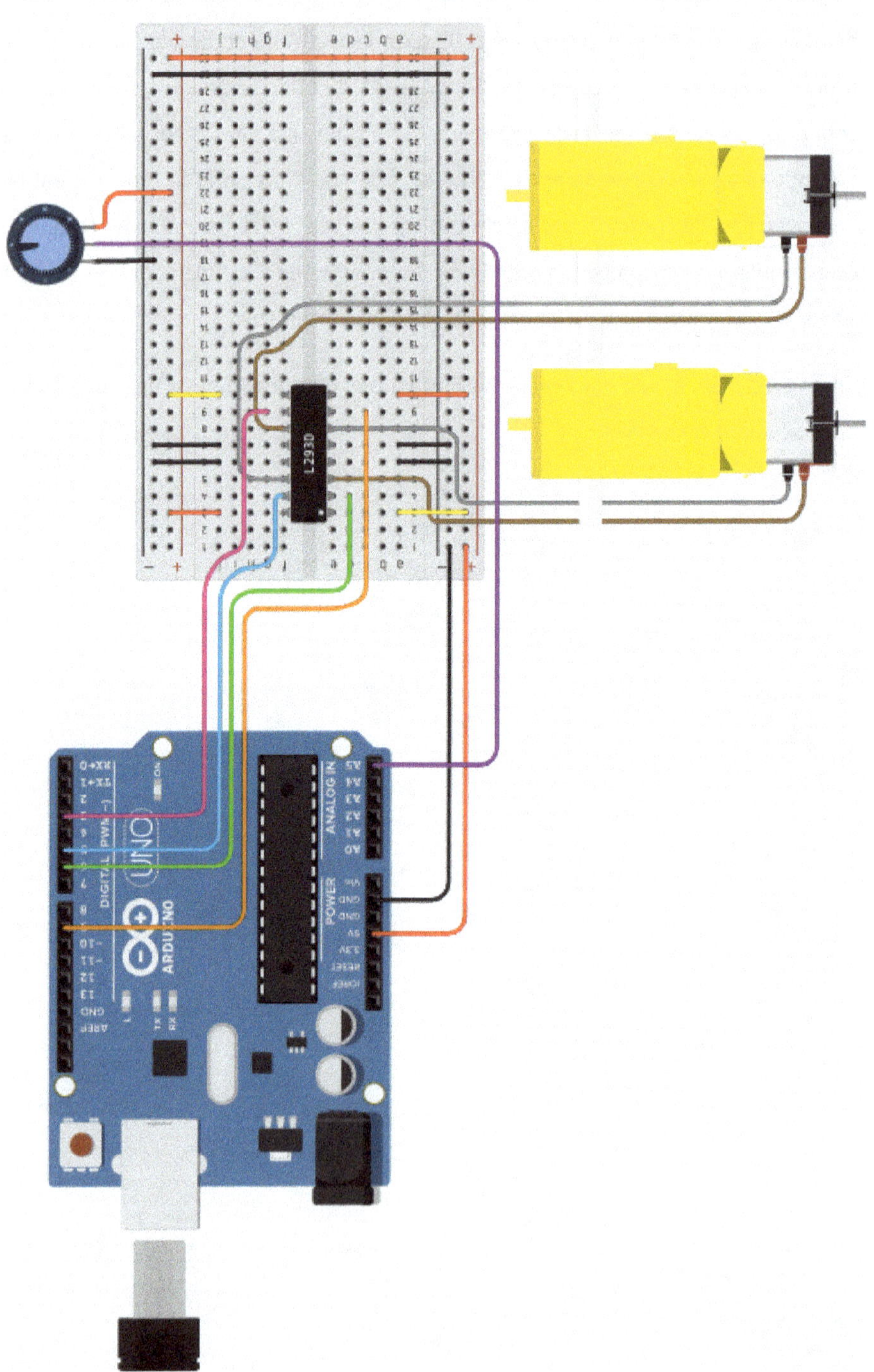
L293D
ANALOG IN
POWER
UNO
ARDUINO

7.3 Développement du code du programme

Étape 1 :

Tu peux suivre les trois premières étapes du projet 1 exactement de la même manière pour ce projet. Tu devrais alors avoir le schéma suivant comme structure de base.

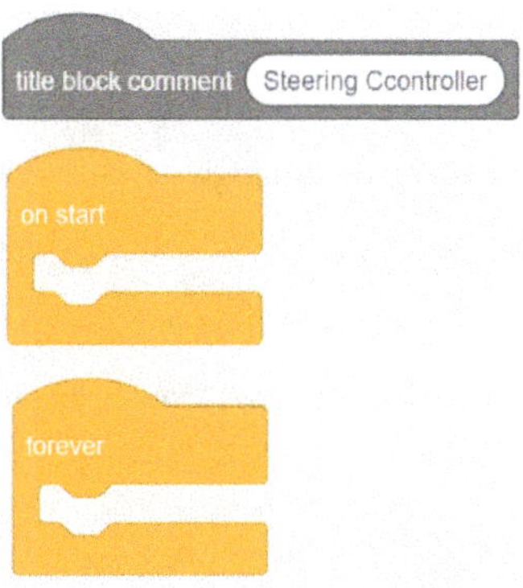

Étape 2 :

Dans la deuxième étape, nous devons créer une variable qui peut être utilisée pour stocker la valeur d'entrée analogique, qui est lue via la broche analogique A5 de l'Arduino. Selon notre schéma, c'est ici qu'arrive le signal du potentiomètre. Dans le bloc "Variables", tu peux créer une telle variable comme d'habitude avec "Create variable ...". Nous utilisons par exemple le nom choisi librement "VR_Pos".

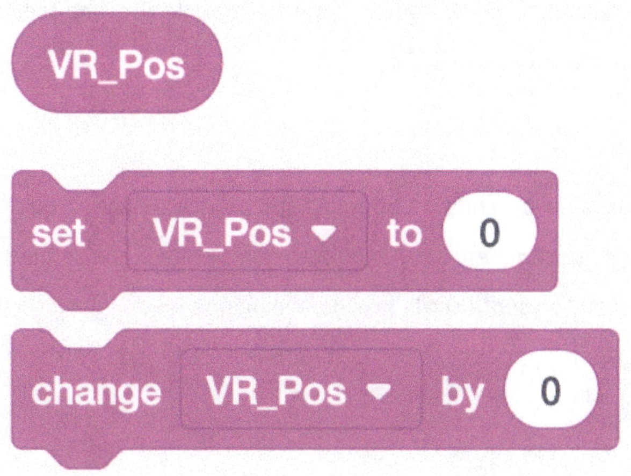

Comme tu le vois, tu obtiens trois options de bloc de programme. Un bloc pour référencer la variable dans un autre bloc de code, un bloc pour définir la variable à une valeur souhaitée ("set ...") et un bloc pour modifier la variable d'une valeur souhaitée ("change ...").

Étape 3 :

Ensuite, dans notre programmation basée sur des blocs, il faut implémenter un bloc d'instructions qui lit la valeur d'entrée analogique de la broche A5 de l'Arduino et la stocke dans la variable "VR_Pos". De plus, la lecture de la broche analogique et l'affectation à la variable doivent être continues. Par conséquent, le bloc de programme devrait être implémenté dans le bloc principal "forever" comme suit :

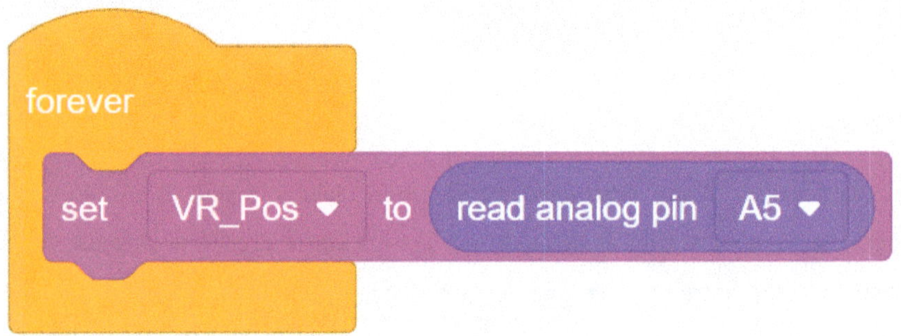

On peut ajouter ici, à titre indicatif, que les broches d'entrée analogique de l'Arduino UNO ont une résolution de 10 bits, ce qui permet de lire une valeur de tension analogique comprise entre 0 et 1023.

Étape 4 :

En vue de la lisibilité du code et pour faciliter le dépannage si quelque chose ne fonctionne pas, nous commençons par intégrer dans cette étape un bloc d'instructions qui affiche la valeur présente sur la broche analogique A5 de l'Arduino (provenant du potentiomètre) dans le moniteur série. Ce bloc d'instructions doit être complété au sein du bloc "forever".

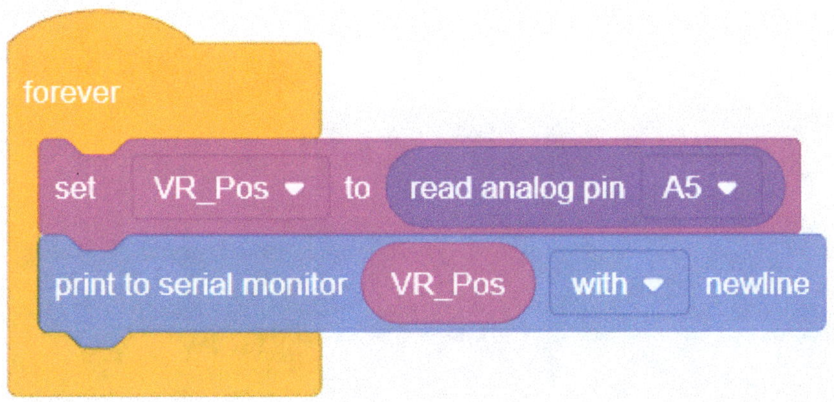

Étape 5 :

La base pour pouvoir diriger le châssis du robot est que les deux roues arrière doivent tourner à des vitesses différentes. La condition de base est donc que les vitesses de rotation des deux motoréducteurs soient inversement proportionnelles. Selon la position du potentiomètre - imagine-le comme un volant qui tourne autour d'un axe - les roues tournent en sens inverse. Par exemple, si la roue gauche tourne vers l'avant et la roue droite vers l'arrière, tu braques vers la droite. Mais si la roue droite tourne vers l'avant et la roue gauche vers l'arrière, tu braques vers la gauche. Pour obtenir ce mécanisme de direction, deux des sorties PWM d'Arduino doivent être représentées dans le code du programme, à la fois avec une référence à la position du potentiomètre et de manière opposée. Nous y parvenons d'une part en cartographiant la broche 3 avec le bloc de code "map ..." et la valeur lue de la broche A5 (potentiomètre) de 0 à 255. D'autre part, nous représentons la broche 6 avec le bloc de code "map ..." et la valeur lue de la broche A5 (potentiomètre) exactement à l'opposé, c'est-à-dire de 255 à 0.

Pourquoi 0 et pourquoi 255 ? Parce que les broches de sortie PWM de l'Arduino UNO ont une résolution de 8 bits qui permet de faire varier en continu la valeur décimale d'une sortie de tension correspondante entre 0 et 255, c'est-à-dire qu'à 0 il n'y a pas de tension et à 255 la plus grande tension possible.

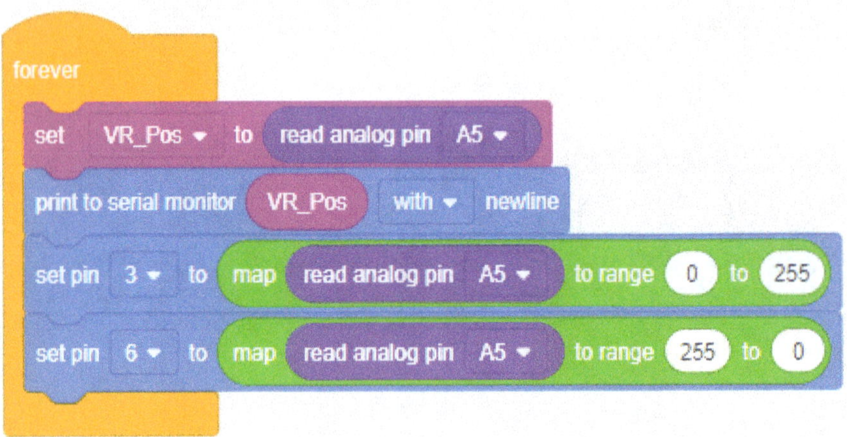
forever
set VR_Pos to read analog pin A5
print to serial monitor VR_Pos with newline
set pin 3 to map read analog pin A5 to range 0 to 255
set pin 6 to map read analog pin A5 to range 255 to 0

8 Projet 4 | Thermomètre numérique

Dans ce projet, nous allons créer un thermomètre basé sur Arduino qui nous permettra d'afficher une température mesurée sur un écran LCD. Pour cela, nous devons également nous occuper de la conversion de la mesure du capteur en unité °C.

8.1 Composants nécessaires

1 x Arduino Uno

1 x capteur de température TMP36

1 x I2C 16x2 écran LCD

Informations sur le capteur de température TMP36 :

Le TMP36 est un capteur de température basse tension. La particularité de ce capteur de température est sa linéarité sur toute la plage de mesure de la température. Le capteur possède trois connexions : "+VS", "GND" et "Vout". La broche "Vout" de ce capteur fournit une tension de sortie qui est linéairement proportionnelle à la température mesurée en degrés Celsius. La tension de fonctionnement du capteur est de 5V de courant continu, ce qui permet de l'utiliser directement avec un Arduino UNO. Pour chaque changement de température d'un degré Celsius, la tension de sortie varie de 10 millivolts. À 25 °C, la tension de sortie est de 750 mV. Une fiche technique complète peut être téléchargée en cliquant sur le lien suivant :

https://www.analog.com/media/en/technical-documentation/data-sheets/TMP35_36_37.pdf

Informations sur l'écran LCD :

L'écran de caractères LCD choisi, basé sur I2C, est facile à utiliser avec une carte de développement Arduino UNO. Par rapport aux afficheurs de caractères LCD traditionnels qui nécessitent une multitude de câbles entre le microcontrôleur et l'écran LCD, ce module facilite la tâche de l'utilisateur en lui permettant de se connecter avec seulement quatre câbles. Seuls deux d'entre eux sont des lignes de données, tandis que les deux autres broches "VCC" et "GND" sont destinées à l'alimentation électrique. Toutes les connexions peuvent être alimentées directement par l'Arduino. Le protocole de communication utilisé est I2C, c'est pourquoi seuls les connecteurs "SDA" et "SCL" sont nécessaires pour la transmission des données. Veille à choisir le bon écran LCD. Nous avons donc besoin du "LCD 16x2 **(I2C)**", que tu peux trouver dans l'image en bas à gauche. Pour cela, tu devras probablement passer de "Basic" à "All" dans le menu déroulant en haut de la fenêtre des composants pour que les écrans s'affichent.

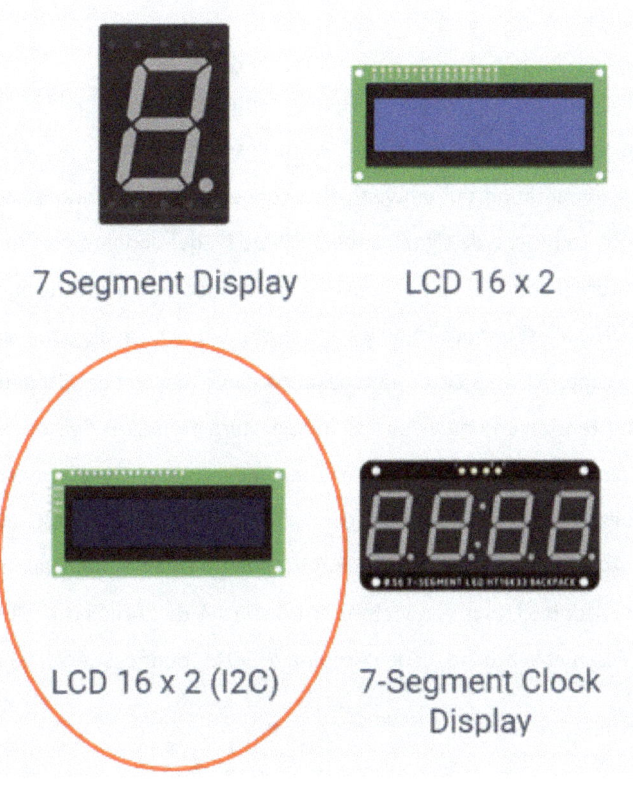

8.2 Le projet de schéma électrique

Schéma de câblage :

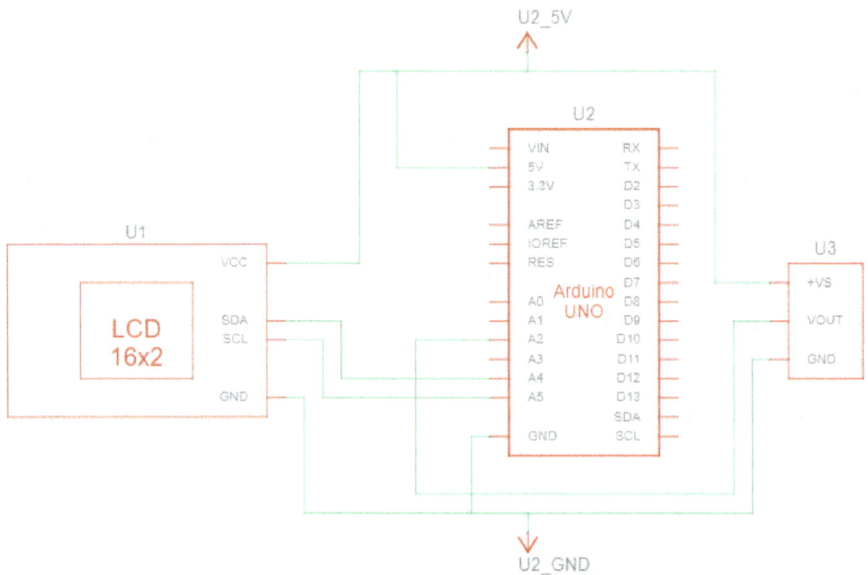

Dans le schéma de câblage, tu peux voir que le capteur TMP36, appelé ici "U3", a trois broches, à savoir "+VS", "GND" et "VOUT". Parmi ces trois broches, "+VS" et "GND" sont les broches d'alimentation qui peuvent être connectées à l'Arduino et à sa tension continue de 5V. La broche de signal, appelée "VOUT", qui donnera plus tard la valeur de la température (comme valeur de tension), est connectée à la broche analogique A2 de l'Arduino UNO. Il est important qu'il s'agisse d'une broche analogique, car la valeur fournie par le capteur TMP36 est une tension continue analogique. Tu peux d'ailleurs convertir cette tension en une valeur de température en degrés Celsius. Mais nous y reviendrons plus tard. Dans notre schéma, nous devons également connecter l'écran LCD à l'Arduino. Nous le faisons en connectant les connexions I2C aux broches analogiques A4 et A5 de la carte Arduino. Ces deux broches sont les broches I2C standard sur l'Arduino. Nous connectons la broche A4 de l'Arduino à "SCL" (horloge sérielle) de l'écran et la broche A5 de l'Arduino à "SDA" (données sérielles) de l'écran.

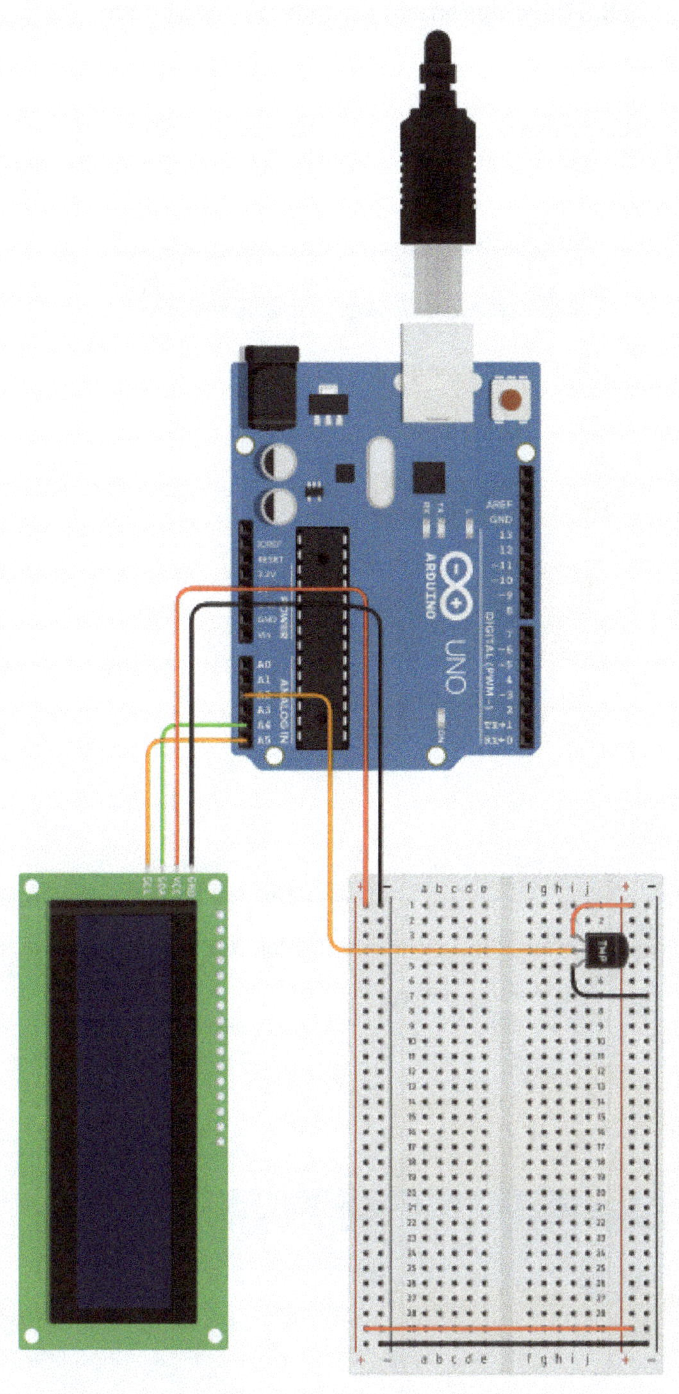
ARDUINO
UNO
AREF
GND
ANALOG IN

8.3 Développement du code du programme

Étape 1 :

Nous créons d'abord à nouveau la structure de base du programme.

Étape 2 :

Dans cette étape, nous voulons allumer le rétroéclairage de l'écran LCD dans le bloc "on start". Pour cela, tu peux sélectionner le bloc "on LCD" dans la catégorie "Output" (bleu) et l'intégrer de la manière suivante :

Pour cela, tu dois sélectionner la commande "turn on the backlight" dans le menu déroulant. A part cela, il n'est pas nécessaire de déclarer des valeurs de variables dans le bloc "on start".

Étape 3 :

Nous arrivons maintenant aux blocs de commandes pour le bloc principal "forever".

Ici, nous devons d'abord implémenter un bloc de programme qui lit l'entrée de tension analogique sur la broche d'entrée analogique A2 de l'Arduino et la stocke dans une variable. Selon notre schéma, le signal du capteur de température TMP36 arrive à cette broche A2.

Comme tu t'en souviens certainement des projets précédents, tu dois d'abord créer une variable avec le nom approprié, par exemple "Temp", pour la mise en œuvre. Tu trouveras d'ailleurs le sous-bloc violet pour la lecture de la broche d'entrée analogique "read analog pin" dans les blocs "Input".

Étape 4 :

Pour ce projet, il est nécessaire d'intégrer une série d'étapes de calcul dans le bloc "forever". En effet, le capteur de température ne fournit que des signaux de tension qui sont proportionnels à la température en degrés Celsius. Mais ces valeurs de tension ne sont pas très parlantes pour l'utilisateur. C'est pourquoi nous devons transformer les signaux de tension reçus en une unité significative, dans ce cas les degrés Celsius.

Pour simplifier les étapes de calcul nécessaires, nous pouvons d'abord afficher les valeurs d'entrée analogiques fournies par le capteur de température via le moniteur série. Pour cela, nous utilisons le bloc de programme "print to serial monitor ..." que nous intégrons temporairement dans notre code de programme.

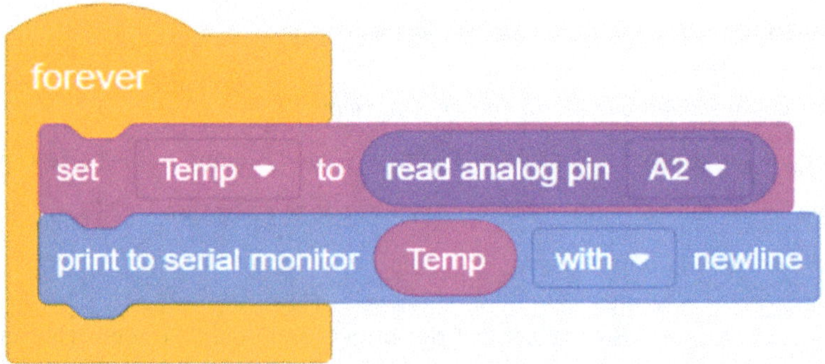

Dans le tableau suivant, tu trouveras les plages maximales du capteur de température en °C et la valeur de tension correspondante qui est appliquée à la broche A2 de l'Arduino.

	TMP36 Valeur de la température en °C	**Quantifié Valeur de la tension sur la broche A2**	**Secteur**
Limite inférieure	-40	20	165
Limite supérieure	125	338	338

Tu as peut-être déjà converti des valeurs de température de degrés Celsius en degrés Fahrenheit. Le processus que nous effectuons ici est similaire. Pour cela, nous avons besoin de la valeur de mesure analogique que nous pouvons lire dans le moniteur série lorsque le capteur de température TMP36 est à 0 °C. Tu peux facilement régler la température avec le curseur en cliquant sur le capteur.

À 0 degré Celsius, la valeur de tension analogique quantifiée est égale à la valeur 104. Sur cette base, nous pouvons effectuer le calcul nécessaire comme suit.

Temp_C = (Temp - 104) * 165/338

"Temp" est la variable entière que nous avons déjà définie auparavant et "Temp_C" est la nouvelle variable qui contient la température en °C. Nous pouvons ensuite supprimer le bloc de programme "print to serial monitor ...".

Étape 5 :

Nous ne créerons pas de nouvelle variable pour "Temp_C", mais nous remplacerons simplement la variable "Temp". Pour cela, tu peux mettre en œuvre le calcul développé précédemment dans le bloc de programme "forever" comme suit :

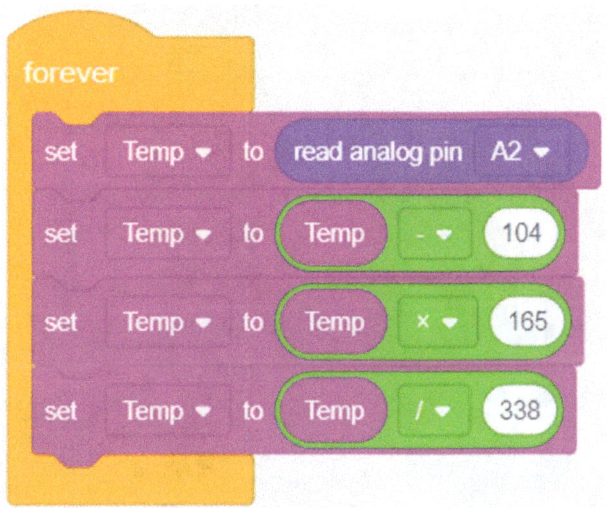

Maintenant, la variable "Temp" est continuellement modifiée pendant tout le processus de mesure dans le bloc de programme.

Étape 6 :

Dans l'étape suivante, nous voulons afficher la mesure de la température sur l'écran LCD. Pour cela, nous devons d'abord faire réinitialiser l'affichage de l'écran ("on LCD ...clear the screen"). Ensuite, avec "set position on LCD ... to ...", nous pouvons déterminer à quel endroit la valeur de température doit nous être affichée (par ex. ligne 1 & ligne 1 ; l'écran LCD 16x2 a 2 lignes et 16 lignes). Dans l'avant-dernière étape, nous affichons la variable "Temp", qui contient la valeur de la température en °C, avec "print to LCD ...". Et à la dernière étape, nous ajoutons encore une fois le bloc qui nous permet d'afficher la valeur de la variable également sur le moniteur série (optionnel). Tu trouveras tous les blocs de programme nécessaires dans la catégorie "Output" (bleu). Le bloc de programme devrait alors ressembler à ceci :

Nous pouvons maintenant commencer la simulation. Pendant la simulation, tu verras que l'écran LCD commence toujours par effacer la valeur de la température et qu'il est ensuite mis à jour avec la nouvelle valeur de la température. C'est un peu désagréable et cela est dû au fait que la commande "on LCD ... clear the screen" est exécutée à chaque cycle (bloc "forever"). Pour éviter ce problème, nous modifions le code du programme de sorte que l'écran LCD ne soit mis à jour que si la valeur de la température actuelle est différente de celle du cycle de programme précédent.

Pour cela, nous créons une nouvelle variable appelée "Temp_old", dans laquelle nous faisons stocker la valeur de température du cycle de programme précédent. Ensuite, nous effectuons une comparaison dans une condition "if" (si ...alors ...) pour vérifier si la nouvelle valeur de température est différente de l'ancienne. Tu trouveras le bloc de programme pour la condition if dans la catégorie "Control". Si tu as tout modifié comme indiqué, à partir de maintenant, l'écran LCD ne s'effacera que si la nouvelle valeur de température est différente de la valeur précédente. De cette façon, l'écran LCD ne s'actualise pas à chaque exécution du programme.

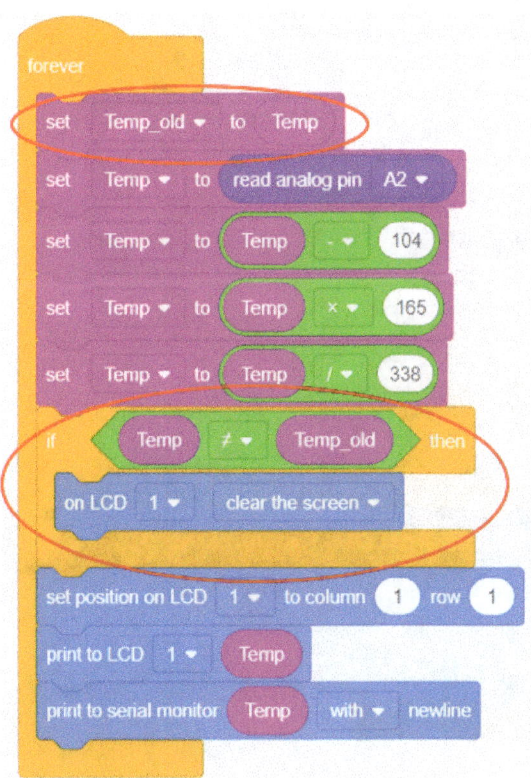

Le code complet du programme ressemble alors à ceci :

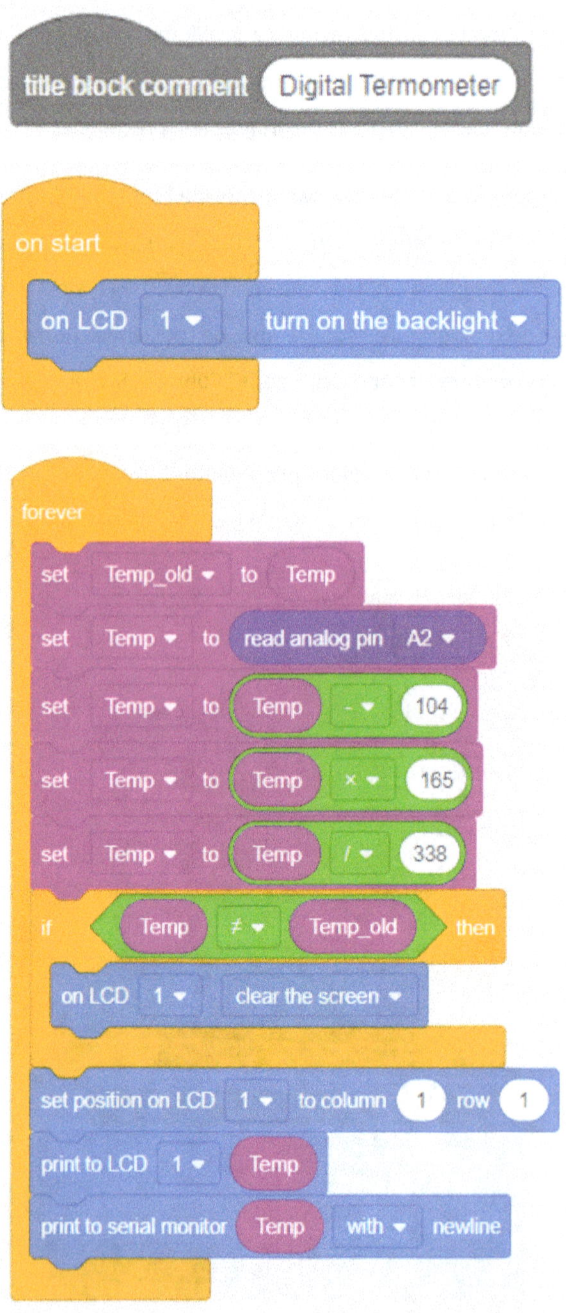

9 Projet 5 |Mesureur de distance à ultrasons

Dans ce projet, nous allons créer un appareil de mesure de distance basé sur Arduino à l'aide d'un capteur à ultrasons et d'un affichage LED. Cela semble compliqué, non ? Ne t'inquiète pas, ça a l'air plus compliqué que ça ne l'est. Ce sera surtout facile si nous nous y mettons ensemble. C'est parti !

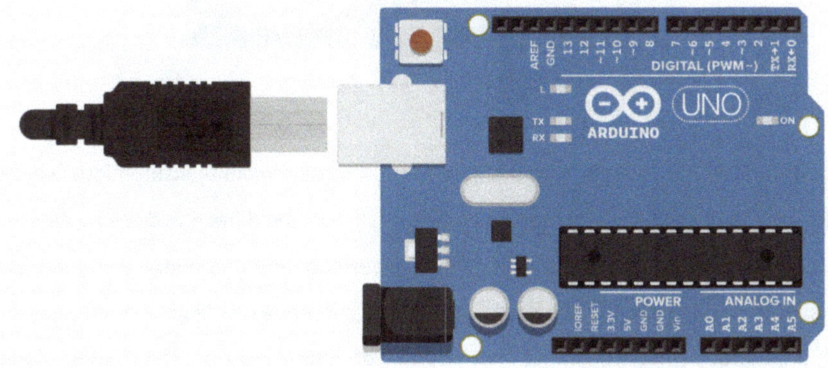

9.1 Composants nécessaires

1 x Arduino Uno

1 x "Parallax PING 28015" capteur à ultrasons

1 x "HT16K33 backpack" afficheur LED à 7 segments basé sur I2C

Informations sur le capteur à ultrasons "Parallax PING 28015" :

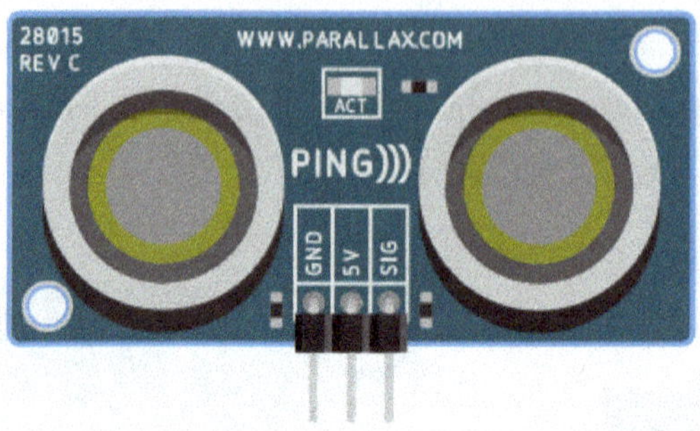

Le capteur "PING 28015" de "Parallax" est un capteur de proximité économique à base d'ultrasons. Selon la fiche technique du fabricant, la zone de détection de ce capteur se situe entre 2 cm et 3 m, ce qui peut être considéré comme une bonne portée et est suffisant pour notre projet. Une particularité de ce capteur est qu'il peut communiquer avec un microcontrôleur, comme Arduino, à l'aide d'une seule broche ("SIG"). D'une part, cela rend la connexion si simple, et d'autre part, cela aide dans les projets complexes à pouvoir utiliser le nombre limité de broches d'entrée et de sortie avec de nombreux autres composants. Le capteur possède deux autres connecteurs "GND" et "5V" qui, comme tu peux t'en douter maintenant, sont nécessaires pour l'alimentation électrique. Tu peux télécharger la fiche technique complète par exemple ici : https://www.mouser.com/datasheet/2/321/28015-PING-Sensor-Product-Guide-v2.0-461050.pdf

Informations sur l'afficheur LED à 7 segments basé sur I2C "HT16K33 backpack" :

L'écran "HT16K33 backpack" est un écran LED à sept segments basé sur I2C. Nous avons déjà vu ce que signifie I2C dans le projet précédent (projet 4 | Thermomètre numérique). Dans ce module aussi, il y a relativement peu de connexions. Seuls deux des quatre ports disponibles, sont prévus pour la transmission de données, tandis que les deux autres broches (+ et -) sont prévues pour l'alimentation électrique. Une autre particularité de cet affichage LED est qu'il est possible de régler la luminosité de l'affichage sur 16 niveaux - de bas à haut.

9.2 Le projet de schéma électrique

Schéma de câblage :

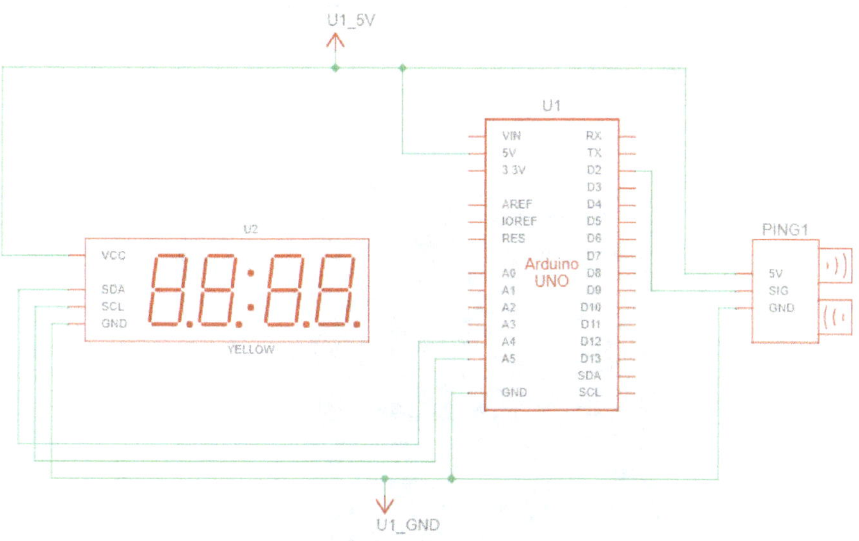

Dans la représentation schématique du schéma, tu peux voir que les broches "5V" et "GND" du capteur de proximité à ultrasons "PING1", doivent être connectées à l'alimentation 5V de l'Arduino UNO. La broche de signal, désignée par "SIG", reçoit une connexion à la broche numérique D2 de l'Arduino UNO. En effet, le capteur de proximité à ultrasons nous fournit une impulsion numérique sous forme de courant continu. Nous devons également connecter l'affichage LED à l'Arduino UNO. Pour cela, les broches de données "SDA" ou "SLC" sont reliées aux broches analogiques A4 ou A5 de la carte Arduino.

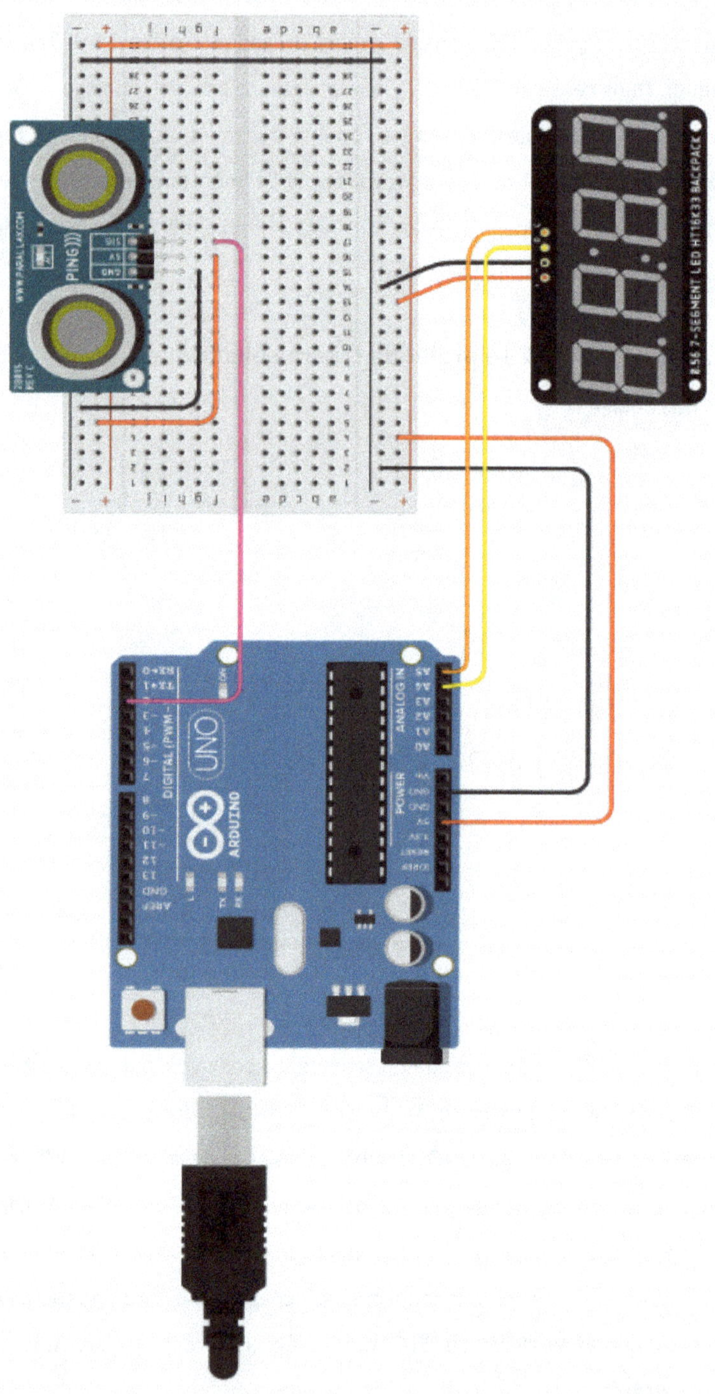

9.3 Développement du code du programme

Étape 1 :

Dans ce projet aussi, nous créons d'abord la structure de base pour notre programme et nous créons une description pertinente pour le projet sous forme de commentaire.

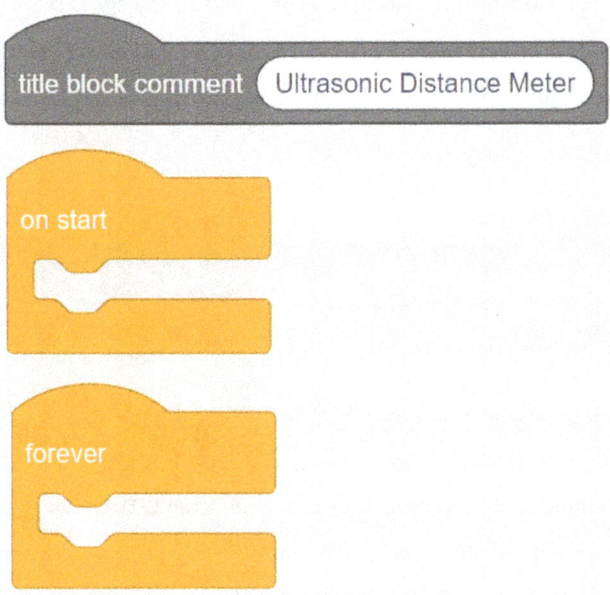

Étape 2 :

Pour ce projet, nous avons d'abord besoin d'une variable "Dist" qui stocke la distance entre le capteur et un obstacle. Cette variable peut ensuite être utilisée si la distance doit être affichée sur l'écran LED ou si elle doit également être sortie sur le moniteur série, par exemple pour le dépannage.

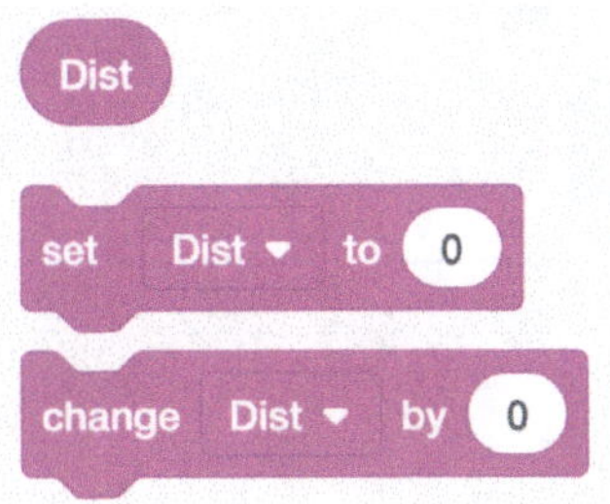

Étape 3 :

Dans l'étape suivante, nous allons implémenter les blocs de programme nécessaires dans le bloc principal "on start". Il n'est pas important de déclarer d'abord les variables ou d'implémenter d'abord le bloc "on start".

La seule exigence que nous avons ici est de configurer l'affichage LED à sept segments avec l'adresse I2C correspondante. Tu peux le faire facilement avec le bloc de programme "configure LED Display ...". (catégorie : "Output"), comme illustré.

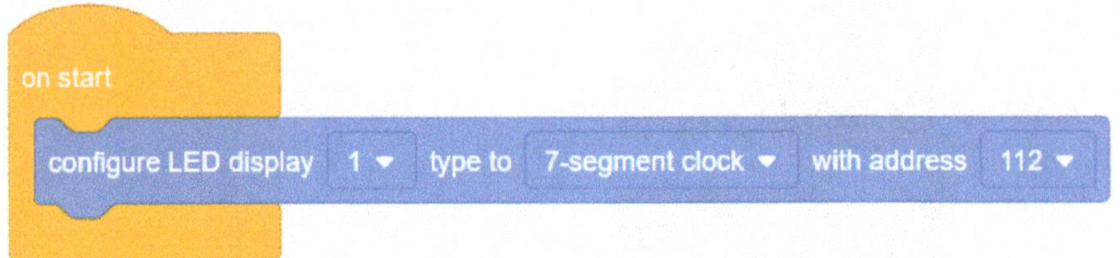

Avec ce bloc de programme, tu peux régler le numéro d'affichage, le type d'affichage et l'adresse I2C. Tu te demandes peut-être à quoi sert le numéro d'affichage. Le numéro d'affichage est important si nous utilisons plus d'un écran LED, afin que le programme sache quel écran nous voulons piloter. En outre, tu dois faire correspondre l'adresse I2C de l'affichage LED (clic sur l'affichage LED) avec la valeur dans le bloc "configure LED display ...".

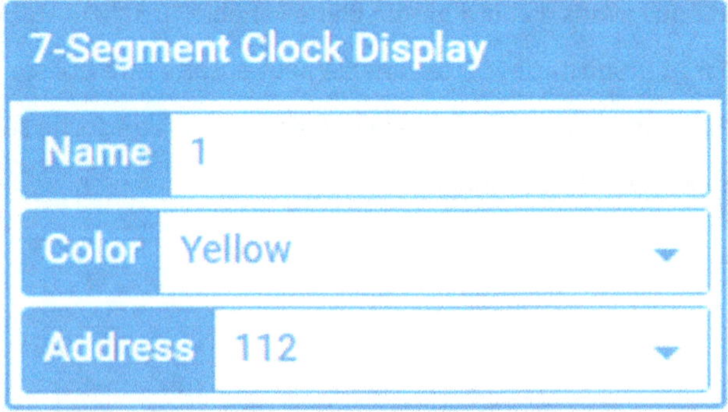

Comme tu peux le voir, l'adresse I2C doit être égale à 112 aussi bien dans l'écran de configuration de l'affichage LED que dans le bloc de programme "configure LED display ...".

Étape 4 :

Dans l'étape 4, nous pouvons déjà nous occuper des blocs de programme nécessaires pour le bloc principal "forever". Nous voulons ici lire la distance que le capteur à ultrasons nous indique directement dans la variable "Dist" déclarée auparavant. Pour cela, nous utilisons un bloc de programme spécial ("read ultrasonic distance sensor on trigger pin ..." ; catégorie : "Input"), qui nous est fourni par la plateforme Tinkercad dans ce but précis.

Comme tu peux le voir, le bloc de programme "set ...", qui est disponible dans la catégorie "Variables" après la déclaration effectuée à l'étape 2, a été combiné avec le bloc de fonction spécial "read ultrasonic distance sensor ...". Comme le nom de ce bloc fonctionnel l'indique, le bloc lui-même effectue tous les calculs nécessaires pour mesurer la distance entre le capteur et l'obstacle.

Le principe de base du capteur à ultrasons est d'envoyer une impulsion sonore en direction de l'obstacle visé et d'attendre que le son rebondisse sur l'objet et soit renvoyé vers le capteur. Le capteur envoie alors une impulsion de signal TTL au microcontrôleur dès que le signal renvoyé est reçu. Normalement, il faudrait calculer la distance entre le capteur et l'obstacle en fonction du temps écoulé entre l'émission et la réception du signal ultrasonique. Tinkercad le fait déjà automatiquement à l'aide du bloc de fonctions prédéfini.

Étape 5 :

Dans la dernière étape, nous pouvons encore utiliser deux blocs de programme qui sont nécessaires pour l'affichage de la valeur mesurée sur l'écran LED à sept segments et sur le moniteur série. Nous les insérons également au sein du bloc principal "forever".

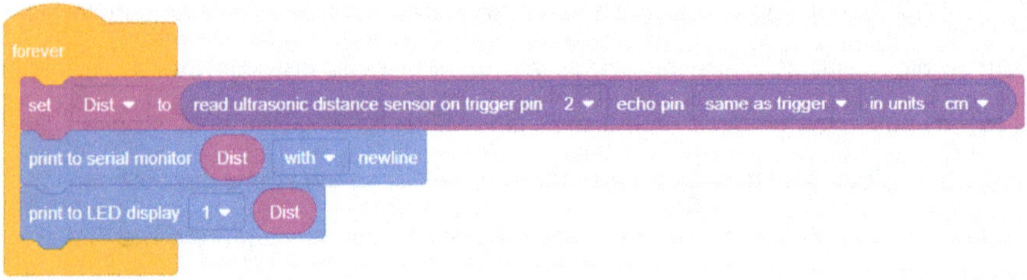

```
forever
  set Dist to read ultrasonic distance sensor on trigger pin 2 echo pin same as trigger in units cm
  print to serial monitor Dist with newline
  print to LED display 1 Dist
```

Remarque : pendant la simulation, tu remarqueras que la valeur affichée sur le capteur de distance à ultrasons est précise à une décimale près, alors que la valeur affichée à la fois sur le moniteur série et sur l'écran LED à sept segments est une valeur entière. Cela est dû au fait que nous lisons la valeur de mesure de distance dans la variable entière (integer) "Dist". Les nombres entiers n'ont pas de chiffres après la virgule.

Le code complet du programme devrait alors ressembler à ceci :

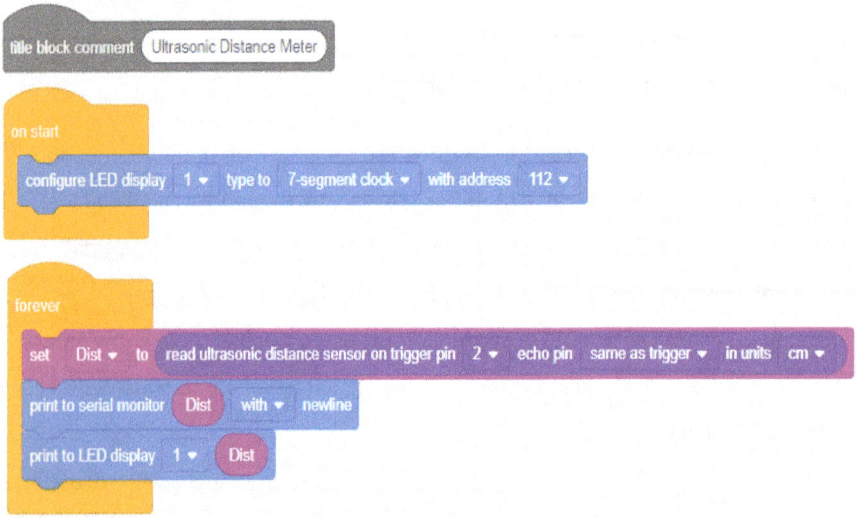

```
title block comment Ultrasonic Distance Meter

on start
  configure LED display 1 type to 7-segment clock with address 112

forever
  set Dist to read ultrasonic distance sensor on trigger pin 2 echo pin same as trigger in units cm
  print to serial monitor Dist with newline
  print to LED display 1 Dist
```

Mot de la fin

Excellent !

Tu as réussi, tu as travaillé sur tous les projets. C'est une très bonne performance !

Dans ce livre, j'ai essayé de t'apprendre à créer des schémas électroniques et à programmer un Arduino à l'aide du logiciel Tinkercad, à travers des projets DIY pratiques, et de susciter ou de renforcer ton enthousiasme pour l'électronique et la programmation. J'espère y être parvenu dans une certaine mesure et que ce livre t'aura été d'une grande utilité. Il faut que ce soit un livre qui permette de comprendre les connaissances théoriques de base et l'application pratique.

Ensemble, nous avons fait du chemin dans ce cours ! Tu as raison d'être fier de toi si tu es arrivé jusqu'ici.

Si tu as aimé ce livre, je serais ravie que tu me laisses une évaluation et un petit commentaire, et que tu le recommandes à d'autres.

N'oublie pas de te procurer également le livre "Projets Arduino avec Tinkercad - Partie 2", avec d'autres projets passionnants à suivre pas à pas.

N'oublie pas de jeter un coup d'œil sur les pages suivantes. Tu y trouveras des livres sur des sujets similaires, ainsi qu'un livre sur Arduino, un sur l'ingénierie électrique et un sur Tinkercad. Ces livres sont parfaits pour une approche encore plus détaillée de chaque sujet. Procure-toi dès maintenant tes exemplaires !

Merci beaucoup !

Livres sur des sujets que vous pourriez également apprécier

Tous les livres sont disponibles en ligne sur les principales plateformes de vente. Il est préférable de rechercher le titre ou de visiter ma page d'auteur. Certains livres peuvent ne pas encore être publiés et ne seront pas disponibles avant un certain temps. Jetez un coup d'œil aux livres de votre choix et recevez-les chez vous sous forme de livre électronique ou de livre de poche !

Impression 3D :

CAO, FEM, FAO (Création d'objets 3D, Conception, Simulation) :

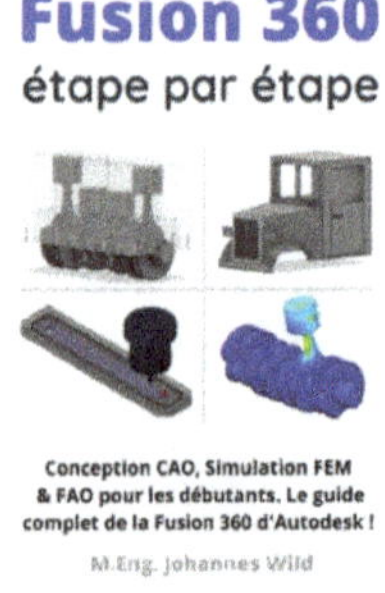

Ingénierie électrique :

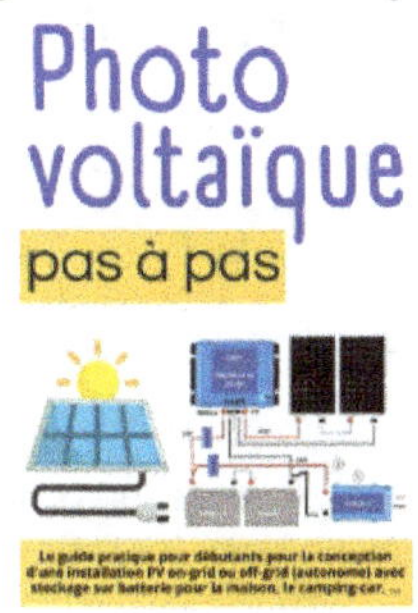

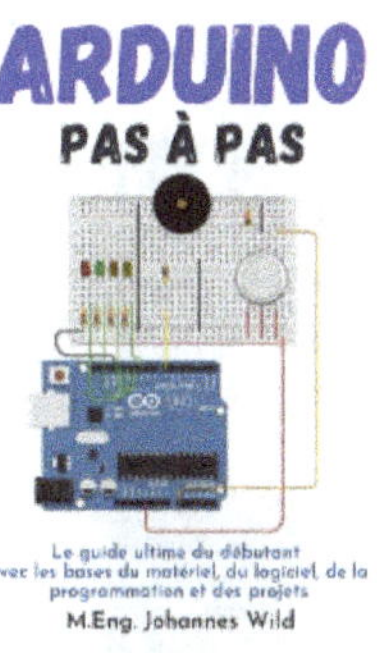

Programmation et autres logiciels :

Des cours vidéo identiques sont également disponibles pour certains de ces livres :

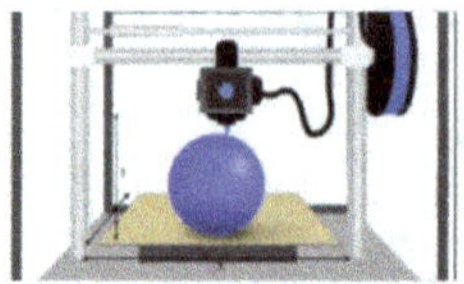

L'impression 3D | Un guide étape par étape

Le guide pratique pour les débutants créé par un ingénieur! Conçu pour une entrée immédiate dans l'impression 3D!

M.Eng. Johannes Wild

4.1 ★★★★☆ (32)

1.5 total hours • 20 lectures • All Levels

Highest rated

La conception en CAO | Modélisation pour débutants

Le guide pratique pour débutants pour créer des objets 3D avec un logiciel de CAO gratuit (pour l'impression 3D,...)

M.Eng. Johannes Wild

5.0 ★★★★★ (2)

1.5 total hours • 15 lectures • All Levels

Fusion 360 étape par étape | CAO, FEM et FAO pour débutants

Le guide pratique d'AUTODESK FUSION 360 ! Apprenez la conception, la simulation et la fabrication auprès d'un ingénieur

M.Eng. Johannes Wild

3.9 ★★★★☆ (7)

3.5 total hours • 24 lectures • Beginner

Fusion 360 | Projets de conception CAO - Partie 1

10 projets de conception CAO simples ou de difficulté moyenne expliqués pas à pas aux utilisateurs avancés

M.Eng. Johannes Wild

2 total hours • 12 lectures • Intermediate

New

...

Pour l'achat, vous pouvez vous décider sur la plateforme d'apprentissage "Udemy" :

Recherchez mon nom sur www.udemy.com :

M.Eng. Johannes Wild ou utilisez le lien suivant :

www.udemy.com/courses/search/?src=ukw&q=m.eng.+johannes+wild

Inscrivez-vous dès aujourd'hui et approfondissez vos connaissances !

Mentions légales de l'auteur / de l'éditeur

Johannes Wild
c/o RA Matutis
Berliner Straße 57
14467 Potsdam
Germany

Courrier électronique : 3dtech@gmx.de

Cette œuvre est protégée par le droit d'auteur

Toutes les informations contenues dans ce livre ont été rassemblées en toute bonne foi et ont été soigneusement vérifiées. Toutefois, ce livre est uniquement destiné à des fins éducatives et ne constitue pas une recommandation d'action. En particulier, aucune garantie ni responsabilité n'est donnée par l'auteur et l'éditeur quant à l'utilisation ou la non-utilisation des informations contenues dans ce livre. Les marques et noms d'usage cités dans ce livre restent la propriété exclusive de leurs auteurs ou détenteurs respectifs.

www.ingramcontent.com/pod-product-compliance
Lightning Source LLC
LaVergne TN
LVHW010421230826
846092LV00003BA/997